广东网络品牌栏目建设评析

黄斌◎主编

罗昕　邹卫东◎副主编

南方日报出版社
NANFANG DAILY PRESS
中国·广州

图书在版编目（CIP）数据

广东网络品牌栏目建设评析 / 黄斌主编. -- 广州 :南方日报出版社,2018.10

ISBN 978-7-5491-1907-3

Ⅰ. ①广… Ⅱ. ①黄… Ⅲ. ①互联网络—品牌—研究—广东 Ⅳ. ①TP393.4

中国版本图书馆 CIP 数据核字(2018)第 238166 号

GUANGDONG WANGLUO PINPAI LANMU JIANSHE PINGXI

广东网络品牌栏目建设评析

主　　编：黄　斌
出版发行：南方日报出版社
地　　址：广州市广州大道中 289 号
出版统筹：周山丹
责任编辑：吴　蓉　谢晓萌
装帧设计：劳华义
责任技编：王　兰
责任校对：王　燕
经　　销：全国新华书店
印　　刷：广东信源彩色印务有限公司
开　　本：889mm×1194mm　1/16
印　　张：13.5
字　　数：160 千字
版　　次：2018 年 10 月第 1 版
印　　次：2018 年 10 月第 1 次印刷
定　　价：38.00 元

投稿热线：（020）87373998-0503　读者热线：（020）87373998-0502

序　言

广东是互联网建设和应用大省，在建设网络强国中具有重要的地位和作用。中国互联网络信息中心（CNNIC）《第41次中国互联网络发展状况统计报告》显示，截至2017年12月，广东全省有备案网站近78万家，约占全国网站总数的14.6%，位居全国第一。《第42次中国互联网络发展状况统计报告》显示，截至2018年6月，全国网民规模为8.02亿，广东省网民规模8000多万，位居全国第一。2017年12月4日，第四届世界互联网大会上发布的《世界互联网发展报告2017》和《中国互联网发展报告2017》蓝皮书指出，广东互联网发展指数位列全国第一。

党的十八大以来，以习近平同志为核心的党中央高瞻远瞩、审时度势，从国内国际大局出发，深刻把握网络社会发展规律，统筹协调涉及政治、经济、文化、社会、军事等领域信息化和网络安全重大问题，提出了一系列新理念新思想新战略，科学地回答了中国网信事业的重大理论和实践问题。习近平总书记关于网信工作的重要论述是习近平新时代中国特色社会主义思想的重要组成部分，为把握信息革命历史机遇、加强网络安全和信息化工作、加快推进网络强国建设明确了前进方向、提供了根本遵循，具有重大而深远的意义。

广东省委网信办认真贯彻落实党中央关于网信工作的决策部署，立足广东实际、着眼大局，提出发展网络文化、建设网络强省的目标。2016年，广东省编制《网络强省规划纲要》，推动全省21个地级以上市全部成立网络安全和信息化领导小组，提出争取到2020年，把广东省建设成为规划布局合理、网络文化繁荣、防护体系严密、基础设施完善、信息经济发达、人才队伍宏大、技术创新力强、综合实力领先的网络强省。2018年4月10日，广东省委常委、宣传部部长傅华调研腾讯时指出，“要深入学习贯彻习近平总书记参加广东代表团审议时的重要讲话精神，发挥互联网企业创新优势，推动优质网络内容建设，为广东实现‘四个走在全国前列’发挥更大作用。要正确处理技术创新与舆论导向的关系，把技术创新运用到互联网内容管理的全过程。要重视产业与事业相统一，产值与价值相统一，坚持创新发展，用好互联网平台，营造共建共治共享社会治理格局”。

广东省委网信办坚持创新驱动发展战略、网络强省战略，以创建广东省主流网站“一网一品牌”活动为重要抓手，以点带面，不断加强网络内容建设，做强网上正面宣传，培育积极健康、向上向善的网络文化，用社会主义核心价值观和人类优秀文明成果滋养人心、滋养社会，做到正能量充沛、主旋律高昂，网络舆论生态日渐天朗气清。品牌栏目创建活动有严格的制度规范和考核流程，包括申请立项、专家评审、日常监测、年度评估等环节，确保了品牌栏目事前有立项、事中有跟踪、事后有考核的全流程链条。经过连续4年的创建培育活动，这些品牌栏目坚持正确政治导向、精准把握定位、强化创新引领，努力打造成国内知名的一流精品栏目。

广东省委网信办将以习近平新时代中国特色社会主义思想为指引，深入学习宣传贯彻党的十九大精神，研究分析广东网信工作在新时代面临的新形势新任务，不断加强互联网内容建设，奋力把广东网信工作建设成为展示习近平总书记关于网信工作重要论述的重要“窗口”和“示范区”。

目录

CONTENTS

总论

打造“一网一品牌” 唱响网上主旋律

打造“一网一品牌” 唱响网上主旋律

习近平总书记在党的十九大报告中强调，加强互联网内容建设，建立网络综合治理体系，营造清朗的网络空间。在网络安全和信息化工作座谈会上，习近平总书记指出，要依法加强网络空间治理，加强网络内容建设，做强网上正面宣传，培育积极健康、向上向善的网络文化，用社会主义核心价值观和人类优秀文明成果滋养人心、滋养社会，做到正能量充沛、主旋律高昂，为广大网民特别是青少年营造一个风清气正的网络空间。为贯彻落实党中央对网信工作作出的重要指示，特别是习近平总书记对广东提出“四个走在全国前列”的要求，广东省委网信办积极推进省重点网站“一网一品牌”创建活动，强化品牌栏目建设，加强主流舆论引导，继承和发扬岭南传统文化，更好地为广东改革发展稳定工作服务。

自2014年“一网一品牌”活动启动以来，广东省重点网站共培育出39个栏目，包括南方网“南方网评”、金羊网“岭南名医”、大洋网“广州记忆”、深圳新闻网“星期三查餐厅”、奥一网“幸福书单”、东莞阳光网“阳光微电影俱乐部”、佛山新闻网“南方（广东·佛山）影视中心”、21CN“聚投诉”、荔枝网“街坊学堂”、壹深圳“记者帮”、腾讯大粤网“共鸣”等。这些品牌栏目通过年前入围评选、年终考核评审，各具特色，亮点纷呈，兼顾社会效益与经济效益，或在网络舆论场中发出主流声音，或立足行业或地域服务地方经济社会建设，或大力传播本土文化，提升本土形象，不断提高广东网络新闻舆论传播力、引导力、影响力、公信力。

一、坚持正确的舆论导向，加强互联网内容建设

坚持正确的舆论导向是新闻舆论工作的生命线。习近平总书记指出，新闻舆论工作各个方面、各个环节都要坚持正确的舆论导向。2014年以来，“一网一品牌”创建活动在各环节牢牢把握正确的舆论导向，大力唱响主旋律、弘扬正能量，不断扩大网络主流舆论阵地。

（一）坚持正确的政治导向

坚持正确的舆论导向，首要的是坚持正确的政治导向。党的新闻工作者必须把讲政治、讲导向放在首位，不断增强政治敏锐性和政治鉴别力，在事关政治方向、政治原则的问题上时刻保持清醒头脑，做到旗帜鲜明、立场坚定，大事面前不糊涂、关键时刻不动摇。

南方网“南方网评”以网络评论工作为担当，秉承“站位全国视野、突出广东特色”的定位，深入解读宣传党和国家的路线方针政策，大力宣传广东省委、省政府的重大决策部署，同时在重大突发舆情面前及时发声，以网评“标杆”的姿态引领舆论走向，打造出了格局宏大、兼具深度与广度的网评高地。目前，“南方网评”形成了“南方观点”“南方宏论”“叮咚快评”“岳新平专栏”“点评广东”“香江观察”等多个栏目和专题，政治时事网评常有常新，正确的政治导向得到持续

巩固。

首先，坚持政治站位，聚焦习近平新时代中国特色社会主义思想。“南方网评”深入打造并持续推出一批深入宣传解读党中央治国理政新理念新思想新战略的精品网评文章，精心策划十九大等重大时政主题系列评论专题，如“岳新平专栏”等，广泛凝聚网民共识，构筑网上网下同心圆。特别是围绕习近平总书记系列重要讲话、重大活动，先后策划推出了“习近平总书记‘7·26’重要讲话精神系列评论”“砥砺奋进的五年——迎接党的十九大系列评论”“学习贯彻十九大精神系列评论”“学习贯彻落实习近平总书记重要讲话精神系列评论”等近20个系列评论专题700余篇原创文章。

其次，突出广东特色，为广东经济社会发展提供精神动力。重点打造“点评广东”专栏，围绕广东省委主要领导重要讲话、重要活动以及广东省委、省政府重要决策部署开展网络评论工作，深入总结广东新实践新成就新亮点。在2017年广东省第十二次党代会期间，“岳言”系列网评围绕广东省委、省政府的中心工作、战略部署，发出权威声音。推出“广州观察”“深圳观察”“清远观察”等地方专栏，紧扣当地政治、经济和社会发展大局开展评论引导工作。此外，发挥广东毗邻港澳的优势，集结一支政治素质过硬、高水平的网评员队伍，打造“香江观察”等特色评论。2017年5—7月推出的“香港回归20周年系列网评”专题，为庆祝香港回归20周年营造良好舆论氛围。

最后，聚焦社会民生话题热点，密切关注网络舆情，精准引导舆论走向。“南方网评”聚焦时下热点社会民生话题，精选、追踪、挖掘话题燃点，以权威的视角在同题网评中走在舆论引导前列。如面对“港独”分子“辱华”风波、内地女生怒撕“港独”海报事件等热点舆情，不失声、不缺位、不示弱，及时组织刊发原创网评文章，旗帜鲜明地抨击“港独”，凝聚爱国爱港正能量。

（二）坚持正确的社会导向

坚持正确的社会导向，就是立足于社会现实，顺应社会发展主流，在工作中以发扬社会关怀、解决社会需求、维护社会秩序，提倡和弘扬正确的社会伦理道德、价值观和风气，最终推动社会进步为目标。广东“一网一品牌”创建活动坚持正确的社会导向，积极承担社会责任，参与社会治理，聚焦于不同领域，打造了一批有益于政府政务与百姓生活的品牌项目。

一方面，弘扬主旋律，传播正能量，激发全社会团结奋进的强大力量。“共鸣”作为腾讯大粤网的品牌栏目，讲述身边故事，体现广东精神，以有共鸣的故事感染读者，传递正能量。2017 年母亲节期间，“共鸣”推出特别策划——听抗战女兵讲过去的故事，走进深圳养老院，邀请抗战老兵拍摄写真，为抗战老人送去关怀。此外，“共鸣”定期举办年终分享会，聚集爱心人士、创业者、企业家和社会代表人物等不同社会群体，一起聆听分享故事，共同激励奋进。

“幸福书单”作为一个给贫困儿童送书的公益行动项目，用互联网搭建起了一个爱心平台，送书即送关怀、送希望。这一项目根据偏远地区学校和孩子的实际需要，号召和组织社会各界进行图书捐赠，送上孩子们喜爱的书，补充学校急需的图书，打造“爱心图书室”。同时，进行网上报道、连线互动，扩大社会影响力，让爱心与温暖跨越地域，在贫困地区儿童和社会各界之间传播。

“一网一品牌”各栏目自觉传播正能量，弘扬社会主义核心价值观，将之内化为平时工作的基本要求。如荔枝网“街坊学堂”通过邀请道德模范引导街坊市民积极参与志愿服务、关爱弱势群体、争当身边好人等行动，传递向上向善的观念。又如，东莞阳光网“阳光微电影俱乐部”严格审核剧本，确保拍摄的作品能传播正确的舆论导向，弘扬社会正能量。

另一方面，关注民生需求，连通政府、企业、百姓，发挥媒体作为社会需求的“黏合剂”“润滑剂”作用，担负监督者、协调者的角色。21CN“聚投诉”、金羊网“岭南名医”、深圳新闻网“星期三查餐厅”和壹深圳“记者帮”，都秉承着一种服务社会的精神，贴近实际、贴近生活、贴近群众，专注于一个具体的领域或项目，在消费、医疗保健、食品安全等方面，想百姓之所想，急百姓之所急，体现了“以人民为中心”的情怀。

“聚投诉”立足消费领域，是一个公益性消费投诉服务的互联网平台，秉承“公益＋法治”的理念，依托“互联网＋志愿者”的力量，为消费者和经营者之间无偿提供争议解决（ODR）服务，覆盖网购、家电、互联网金融、教育培训等多个领域，为消费者提供了投诉解决绿色通道。此外，在促进消费领域的媒体监督、行业自律、行业发展、行业研究等方面积极作为，推动企业服务水准以及全社会消费维权法治化水平的提升。

“岭南名医”聚焦医疗与健康问题，在“健康中国”的国家战略背景下，打造一个汇聚广东名医与健康信息的网络平台。线上全媒体传播岭南名医的经验和保健理念，同时针对医疗保健方面的网络谣言进行辟谣，引导群众“智慧养生”；线下打通医院与社区、社会团体各方资源，举行一系列健康知识普及和服务活动。

“星期三查餐厅”关注食品安全话题。此栏目作为深圳市“创建国家食品安全示范城市”工作的一项重要内容，以食品安全监督与执法为主题，持续突击检查全市各类型餐饮单位后厨，全面打造“透明执法”模式，树立监管部门的执法公信力，进一步提升市民对深圳食品安全监管工作的满意度。

“记者帮”是一个民生爆料、投诉与求助平台，所涉及的民生信息更为广泛。它依托于深圳广电集团的APP“壹深圳”，对民生信息进行用户原创内容（UGC）汇集，形成可视化、交互性的新闻地图。同时政府对市民的投诉也会通过“记者帮”反馈给用户，这种网络政务互动，有利于提升地方党政部门的执行力和公信力。

（三）坚持正确的文化导向

习近平总书记在党的十九大报告中指出，要坚定文化自信，推动社会主义文化繁荣兴盛。坚持正确的文化导向，就是要坚定文化自信，弘扬马克思主义、中华优秀传统文化、革命文化、社会主义先进文化等，使之成为铸造我们民族精神和民族品格的原料。

当前，网络文化成为文化发展的新形态。网络文化多元繁荣，具有强大的生命力。培育积极健康、向上向善的网络文化，是加强网络社会治理的内在命题。广东“一网一品牌”创建活动中，大洋网“广州记忆”、佛山新闻网“南方（广东·佛山）影视中心”、东莞阳光网“阳光微电影俱乐部”与荔枝网“街坊学堂”，均以文化为切入口，将文化与当地社会、经济发展等结合起来，插上互联网的翅膀，积极传播本土文化、优秀文化。

“广州记忆”是弘扬广州文化与传统文化的栏目。它立足本地传统文化根基，深挖城市文化价值，展现深藏在广州街坊记忆深处的独特景象，以此见证广州这座城市的传承与创新。围绕习俗、节日、街道、建筑、美食等主题，通过摘录经典原文、搜寻珍贵旧影、原创视频和配图制作，形成新媒体产品进行推送，让现代人重温老广州的风土人情，还原记忆中的广州味。同时加入服务性、实用性报道，如广州饮食盘点，推动文化活动与文化消费，使广府文化焕发出新时代的生机。

“南方（广东·佛山）影视中心”将本地文化与经济、旅游结合起来，也是文化佛山战略的一项重要举措。2017 年，“南方（广东·佛山）影视中心”启动佛山影视取景点征集活动，评选出 60 个取景点，并在上海国际电影节向全球发布，引来电影业界的广泛关注。此外，搭建了“佛山影视取景地网络服务平台”，方便全球影视制作单位查询、沟通相关需求。该影视中心作为佛山对外展示城市形象和文化产业发展成果、对内方便本地市民休闲旅行的新渠道，助力佛山打造取景点城市和文化导向型城市。

“阳光微电影俱乐部”是一个微电影创作与传播、交流平台，提供微电影拍摄邀约、资金众筹、网络推广、赛事举办、推荐参评等一站式专业服务，致力于探索微电影产业运营模式，营造本土微电影的文化氛围。2017 年，俱乐部拍摄微电影《屹立》，助力公益普法。筹建“航拍东莞”栏目，生动展现东莞魅力。举办东莞首届安全生产微电影大赛，培养市民对安全生产工作的重视和认同感。实施“青年导演扶持计划”，为培养东莞影视人才提供支持。此外，开展“莞梦大舞台”、粉丝观影等线下活动，不断满足当地群众日益增长的文化生活需求。

“街坊学堂”通过举办街坊文明公开课活动，深化培育和践行社会主义核心价值观，传承中华传统礼仪。它立足于社区，围绕不同节庆主题，通过唱、议、学、做等活动，弘扬传统文化，传播文明风尚。同时，借助电视、互联网等进行线上传播。2017 年，“街坊学堂”举行了三场大型线下活动，分别宣传了城市劳动者、儿童公益、孝道国学等主题。

二、坚持创新为要，全方位构建传播格局

坚持创新为要，就是要创新驱动发展，提高栏目品质。党的十九大报告在论述加强创新型国家建设时指出，创新是引领发展的第一动力；在谈及牢牢掌握意识形态工作领导权时指出，高度重视传播手段建设和创新。因此，创新理应成为新闻舆论工作的驱动力。特别是在互联网迅猛发展的当下，主流媒体、商业媒体、自媒体甚至海外媒体多元竞争，主流重点网站更要具备创新精神。习近平总书记在党的新闻舆论工作座谈会讲话中指出，随着形势发展，党的新闻舆论工作必须创新理念、内容、体裁、形式、方法、手段、业态、体制、机制，增强针对性和实效性。可见，新闻舆论工作创新是全方位的创新。“一网一品牌”的许多栏目在理念创新、内容创新、形式创新、手段创新等方面都进行了卓有成效的尝试。

（一）理念创新

作为网络媒体，理念创新最直接的表现是具备互联网思维。互联网思维指在互联网新技术发展条件下，对新闻传播行业的市场、用户、销售、产品、生产、企业进行重新审视和定义的全新思维。“一网一品牌”的许多栏目充分体现了用户思维、互动思维、平台思维、大数据

思维等互联网思维。

用户思维即以用户为中心，服务用户，满足用户需求，本质上是以人民为中心的工作导向在网络空间的生动体现。“聚投诉”为网民提供消费投诉公益服务，“岭南名医”汇集老百姓所关心的医疗健康信息与服务，“记者帮”致力于反映和解决民生问题，“广州记忆”推出实用的广州早茶盘点等，皆体现了用户思维。

互动思维不仅有助于增强与用户的交流，提高用户黏度与忠诚度，还能汇聚各方力量。“南方网评”注意引导网评作者和网友主动参与，营造全民讨论的氛围。“聚投诉”依托“互联网+志愿者”的力量，推出用户发起集体投诉功能，发挥包括专家、媒体人、维权达人等在内的网友互助作用。“星期三查餐厅”“南方（广东·佛山）影视中心”皆采用网民票选的形式选出要检查的餐厅和影视取景点，扩大了事件的影响力。“广州记忆”举办“邀你来参与广州味道”活动，让网友参与到稿件制作过程中，实现UGC。各栏目积极举行线下活动，打通线上线下藩篱，拉近与读者、用户的距离。如“阳光微电影俱乐部”举行免费观影活动，“岭南名医”举行健康大讲堂、名医进社区、亲子跑活动等。

平台思维是指具有将自身打造成为汇聚信息、连接各方的信息集散地的思维。“聚投诉”的定位为公益性消费投诉服务平台；“岭南名医”旨在打造能够承载名医、健康、养生等多元特色开发的网络平台；“记者帮”成为深圳网上社会民生信息聚合平台，市民可通过这一平台提出诉求、反映意见。

大数据思维是指汇聚大规模数据或运用大数据技术进行总体预测评估的思维。“聚投诉”通过与大数据服务公司的合作，能进行互联网消费投诉的数据挖掘和分析。“记者帮”的新闻地图也是一个大数据思维运用的典例。首先，它通过 UGC 等方式实时汇聚本地新闻信息数据；其次，将新闻数据标记地理定位，形成可视化、可缩放的新闻地图；再次，每条内容信息与微信、微博等应用链接分享，形成交互体验；最后，还可根据关注话题的选择，分类查看相关信息。“记者帮”的新闻地图为用户建立一个随时随地可供浏览信息的地图大平台，方便用户根据直观的地图形式搜索信息，是适应手机、平板电脑等移动客户端对浏览体验与交互性能要求的新一代手机客户端产品。同样地，“南方（广东·佛山）影视中心”制作“拍摄取景点推荐”数据地图，可查看景区介绍、VR 实景与高清大图，并附有交通路线、美食攻略及附近酒店概况，信息服务全面接地气。

（二）内容创新

内容创新是指关注别人所关注不到的、有价值的内容。对于媒体来说，无论环境如何变化，内容始终是最核心的，内容创造价值的定律仍在起作用。内容创新有多种层次，对于媒体网站来说，内容创新可以是关注领域的创新，打造具有特色的创新栏目；也可以是单篇稿件、单次行动上的创新。

“聚投诉”的公益性消费投诉服务具有独创性。“聚投诉”的一些创新做法主要有：一是以第三方的身份受理消费投诉，为消费者和经营者之间无偿提供 ODR 服务；二是首创“7 天内解决投诉承诺”公益合作服务，助力消费者与商家进行正向、良性的沟通博弈；三是首创投诉服务媒体号，提供消费投诉的新闻线索，推动消费者权益保护的媒体监督；四是建立基于消费投诉的企业信用评价平台，推出行业投诉排行榜，加强对失信商家的监督力度；五是倡导行业立标，针对网贷、第三方支付、商旅卡等行业提出行业自律标准；六是直接参与金融风险解决，推动互联网金融企业自律；七是携手中国消费者权益保护法研究会，主办开创性的“2017 互联网＋消费投诉服务大会”，并发布《消费投诉2016 年度蓝皮书》，促进消费投诉领域相关行业发展与行业研究。

“星期三查餐厅”也独具特色，其内容创新就在于向市民展现执法人员检查餐饮单位的全过程。凭借网络调查、现场直播、多方监督、“回头查”等创新做法，全面打造透明执法模式，开创了食品安全报道的新模式。通过该栏目，市民可以清楚地看见哪些餐厅有问题、食品安全执法是如何进行的。

“南方（广东·佛山）影视中心”将佛山原有的60 个传统景点、地点转变为影视取景点，让“老树发新枝”，打造一个全新的现代影视中心，对外进行传播，宣传城市形象，吸引影视制作方与游客。这种巧妙的切入点也是一种内容创新。同样，“广州记忆”盘活了关于广州的经典文章、珍贵旧影，以此为材料来源生产出新时代的动漫、视频等内容。

事实上，内容创新还可见于许多“一网一品牌”网站栏目中，如“岭南名医”的“名医智库”版块汇聚了独家的岭南名医信息资源；“南方网评”的“香江观察”版块主打与香港有关的新闻评论，独具特色。单篇文章层面上的内容创新，更是为数不少。在不断更新的网络信息环境中，内容创新是保持和提高内容质量的重要手段。

（三）形式创新

形式创新是指在内容、信息的表现形式上进行创新。随着动漫、短视频、航拍、H5、AR、VR、网络直播、大数据可视化图等新媒体技术层出不穷，新闻舆论引导工作也要重视形式创新，才能入眼、入脑、入心。广东“一网一品牌”创建过程中，许多栏目创造性使用了一些生动活泼的表现形式和手法，提升了传播效果。

漫画：在“读图时代”，生动活泼的漫画能大大增强信息的吸引力。“广州记忆”积极创作原创插画和原创手绘等，精心呈现广州韵味。“南方网评”专门推出“有事漫漫说”专栏，2017 年以来以平均每周两篇的节奏共计刊发 80 多篇原创漫评文章，深受网民喜爱。

H5：自 2015 年起，“南方网评”就推出了 H5 专题，让新闻生产与观点输出更吸引人心。2017 年南方网制作的《新时代有话说丨@所有人，聊聊学习十九大报告的感受吧》等 H5 产品，将两会、一带一路、十九大等时政主题以“群聊”等形式展现出来，提升了互动率、分享率。

短视频：2017 年，“南方网评”推出国内首款反腐题材脱口秀节目《武松来了》，每集 5 分钟的短视频以“说书人点评 + 贪官忏悔视频 + 动漫”的独特形式，刷新了人们对网络评论的认知，成为媒体融合中的标杆产品。此外，“南方网评”还策划制作了《未来五年，广东人的生活会有多幸福》等动漫视频。“街坊学堂”联合越秀区政府创作“街坊学堂”文明歌，并制作了 MV，通俗易懂，易于传唱。

线上游戏：在垃圾分类宣传活动中，“街坊学堂”制作了两款互联网小游戏——“垃圾分类快手”和“垃圾分类考考你”，借助游戏形式进行推广宣传，吸引了青少年群体的参与，寓教于乐，取得了不错的效果。

航拍：以“上帝视角”带给人全新的视觉享受。“阳光微电影俱乐部”筹建的“航拍东莞”栏目借助航拍，从更全局、更宏观的视角展现东莞魅力。“南方（广东·佛山）影视中心”也以航拍方式展示影视取景点特色。

网络直播：以连续的视频流，实时呈现事件发生的全过程。深圳新闻网的“直播车行动”栏目，配备一辆专用网络直播车，对深圳突发新闻、重大事件，第一时间开至现场进行视频、图文直播。“星期三查餐厅”将食品安全执法行动进行全程不打码不中断的网络直播，增强了执法公开透明性。

数据可视化图：可视化图的特点在于它能承载许多信息，而又一目了然，充分契合了当今视觉文化时代。“记者帮”的新闻地图将新闻信息汇聚于地图，成为一种充满活力的互动信息发布方式。“聚投诉”的许多报告、报道也经常使用数据可视化图。

VR/AR：VR/AR 即虚拟现实、增强现实。这两种形式虽然比较前沿，技术要求较高，但还是有网站进行了尝试。“南方（广东·佛山）影视中心”对评选出的 60 个影视取景点制作了实景 VR、720 度全景等内容，收录在“佛山影视取景地网络服务平台”。未来，该中心还拟建设 VR 体验馆，制作更多 VR 作品，充分展示各影视取景点特色，供影视剧组和网民进行体验。

（四）手段创新

手段创新是一个较为宽泛的概念，它涵盖了为达成某种目标而使用的对内部及外部的具体做法的总和。在手段创新上，“一网一品牌”各栏目在两方面表现出工作亮点：一是外部合作，二是渠道创新。

外部合作指网站或栏目与政府部门或企业等外部单位进行合作，形成合力，创造出单靠媒体力量所无法达到的价值，生产出独特的新闻信息。反腐脱口秀《武松来了》是"南方网评"联合广东省纪委、《南方日报》、"南方＋"等单位共同推出的。"星期三查餐厅"与深圳市食品药品监督管理局联动，这些都是双重提升政府公信力、媒体公信力的典型案例。"阳光微电影俱乐部"与东莞市中级人民法院合作拍摄公益普法微电影《屹立》，片中所有演职人员全部为法院在职员工，宣传了法务人员的正面形象。"岭南名医"强调跨界整合，加强与政府机构、医院、社区、学校、企业的合作，不仅建立了独家的名医资源库，还积极介入社区健康服务活动的协调推进之中，全方位发挥了媒体的内容生产能力、策划能力和传播能力，并转化为社区服务能力与文化驱动能力。"南方（广东·佛山）影视中心"与佛山市委宣传部、市旅游局等部门合作，建立影视中心，促进当地文化产业发展。"聚投诉"与国家旅游局等政府部门及众多行业企业进行合作，对接投诉处理，共同创建消费投诉服务处理的新模式。

互联网有着丰富的传播渠道，包括传统的新闻或商业门户网站、新兴的社交媒体与资讯聚合平台等。如今社交媒体已经成为人们在网上获取资讯的主要渠道。多平台分发、多渠道推广，特别是注重社交媒体传播，是扩大传播力影响力的重要方式。"一网一品牌"的许多栏目内容，不只在网站自身发布，同时也重视"两微一端"等渠道的传播，力求做到线上线下全网覆盖。此外，各栏目积极加强外联合作，通过授权转载等方式，借助其他媒体增强传播力、影响力。"南方网评"积极与腾讯、网易等商业门户网站，今日头条、一点资讯、企鹅媒体平台在内的新闻资讯分发平台接洽合作，借助这些平台的现有用户资源，努力精准匹配用户阅读需要，推动社交平台二次转发。"共鸣"则充分利用腾讯在全国范围内的平台、渠道优势以及强大的流量导入能力，推广相关文章，打造多维度、深层次的立体传播模式。如利用腾讯社交产品的入口优势，在QQ迷你页弹出框、微信新闻插件积极部署栏目推荐位，最大化为用户推送栏目精品内容。“共鸣”第21期《独臂快递哥深圳娶妻生子　曾被劝去乞讨》被微信插件和腾讯新闻要闻区头图推送，极大地提升了传播力度。

三、坚持以效果说话，提升线上线下影响力

习近平总书记强调，做好新闻舆论工作，一定要把握好时、度、效。“时”“度”的最终目的就是“效”，“效”是新闻舆论的传播效果，强调的是以传播效果为检验的标尺。“一网一品牌”创建工作，坚持以效果说话，提升线上线下影响力，推动广东省网络媒体不断提升新闻舆论的传播力、引导力、影响力、公信力。

（一）传播力影响力辐射全国

随着“一网一品牌”创建活动的深入开展，广东省重点网站品牌栏目愈发注重提升自身传播力，根据不同的平台、渠道的特点和受众情况，深入挖掘各行业的内容素材，采用不同的形式呈现优质内容，不断聚合用户，提升流量，产生了许多现象级的作品，影响力由广东向全国辐射。

“南方网评”可以说是广东省网络媒体引领主流舆论的标杆栏目。2017年，“南方网评”的流量不断上升，日均页面浏览量达16.5万人次，多篇原创稿件在南方网的点击率突破10万人次，最高单篇点击量

达30万+。“南方网评”的短视频《武松打虎》开播以来赢得网友一片好评，流量始终高居前列，2017年全网点击量超过2亿。截至2018年5月，“南方网评”共推出原创网评5000多篇，涉及66个人民群众关心的重大时政主题，其中360多篇文字评论、5个H5专题评论被中央网信办全网推送，近300篇被全省推送，更有一大批原创评论被人民网、新华网、央视网、《光明日报》等媒体广泛转载。

旨在打造广东地区最具影响力人物故事栏目的“共鸣”，2017年继续通过寻找广东典型人物，挖掘广东人故事，引发共鸣，传递正能量。截至2018年5月，“共鸣”已有92期推送，每期平均阅读量100万，评论量1000多条。其中《深圳“村二代”放弃收租　做车险查勘员每天工作10小时》单条最高阅读量2955万。

“广州记忆”在大洋网首页专题设置突出位置，每期稿件均获得各大新闻网站的高度认可，时常占据新闻排行榜首。目前，“广州记忆”网页总点击量超过4000万，在微信、APP客户端的粉丝量超过1000万，每期专栏均能获得极高转载量。

2017年，“岭南名医”更重视以全媒体报道形式呈现内容，重视用户互动，获得用户的追捧。其中，“岭南名医”的微信集结专家微视频、专家访谈文章等内容，整体覆盖人次已经超过40亿，《火力全开不做冰美人》等专访文章的阅读量都超过了10万。

荔枝网“街坊学堂”栏目则通过整合电视节目播出、网上在线传播、线下落地推广三方资源，尝试将电视直播、网络视频直播、互动游戏、地面活动结合起来。2017年在广州越秀公园举行“城市美容师大小手过暑假”“相亲相爱　共沐蓝天”“守礼行孝　温暖相伴”等三场大型线下活动，电视+互联网直播覆盖人群约1500万人次，点播视频和互动游戏的点击量约100万次。

（二）斩获国内省内多个奖项

广东省通过“一网一品牌”创建活动，力求打造一批具有全国影响力和知名度的品牌栏目，带动广东省整个网络媒体的发展，讲好广东故事，传播广东好声音。近年来，广东省“一网一品牌”创建活动扶持的品牌栏目获得了国内和省内的多个奖项，这是“一网一品牌”创建工作成效的直接体现。

“南方网评”近三年来屡次斩获全国人大新闻奖、广东新闻奖和广东省人大新闻奖，其中全国人大新闻奖3篇，广东新闻奖5篇，新闻专栏一等奖1个，广东省人大新闻奖7篇，2016、2017连续两年获得广东省第四届网络文化精品推广品牌栏目奖。

“广州记忆”栏目获2017年全国党报网站媒体融合理论研究与实践“优秀案例奖”二等奖，荣获2017年度中国城市网盟品牌栏目精品奖。

“岭南名医”获《网络传播》杂志颁发的2015—2016年度中国新闻网站成长型三强，其中《张忠德：难缠小病防与治》获得第二届中国健康科普创新大赛科普图书优秀奖。“记者帮”获得“深圳市网络文化年度产品创新奖”一等奖、“2017深圳‘一带一路’国际音乐季新闻宣传工作先进单位”称号，表现了社会各界对广东省网络媒体品牌建设的认可。

（三）注重线上线下互动，推动社会和城市治理

“南方网评”深化地市宣传合作，挖掘地市发展亮点，探索推出

“广州观察”“深圳观察”“清远观察”三大观察栏目。2017年，上述栏目共发布原创评论文章数分别为150篇、120篇、80篇，其中获得全省推送的文章70多篇。这些栏目紧扣当地政治经济发展主题，重点围绕重大舆情事件以及重要政策的出台、重大会议的举办，利用漫画、语音、H5等多种媒体形式形成多媒体专题同频共振的舆论阵地，打造立体的城市形象名片，形成良好的宣传效果，为广州、深圳、清远等地市的宣传工作提供强大助推力。

“聚投诉”经过四年发展，已经成为国内媒体最大的公益性消费投诉服务平台。至今，“聚投诉”已累计受理消费者有效投诉超过10万件，成为网上最大的公开投诉数据库。同时，投诉规模和投诉效果不断提升。2017年，“聚投诉”受理有效投诉82198件，同比上涨37.8%；解决率50.2%，同比上涨108%。已有包括互联网巨头BAT在内的600多个商家进驻平台，公开进行投诉沟通，可实现7×24小时处理投诉。京东、中国银联、长虹等41家企业（集团）签约加入“7天内解决投诉承诺”服务，投诉解决率达80%以上。2017年11月，与国家旅游局12301投诉平台对接投诉处理，成为12301首家接入的媒体平台。在“聚投诉”的投诉服务媒体号上，已有新华社、《21世纪经济报道》等主流媒体的30多名记者进驻，采写发表多篇重磅报道。“聚投诉”发布数十个行业投诉排行榜，并举办“2017互联网+消费投诉服务大会”等，均获得新华网等权威媒体的关注与支持。“聚投诉”成为消费者权益保护领域的生力军，被网友誉为“最负责任的投诉平台”“网购保护神”。

“星期三查餐厅”对深入推广深圳市“创建国家食品安全示范城市”工作产生了良好影响，“创建”工作的知名度在市民间不断提高，最新一期数据显示知名度已经从最初的66%提升到88.96%。市民对目前食品安全监管的满意度也从行动初的77.88%提升至89.51%。截至2018年5月，“星期三查餐厅”直播共推出59期，每期直播的平均点击率超过30万人次。

“岭南名医”大力引导名医积极参与到社区健康服务中，为社区群众送健康，为中小学生提供科学保健知识，积极开展了2017年度广州市中小学生“创建国家食品安全示范城市”主题征集大赛、“为爱10公里　合你17跑”第四届“亲亲快跑”大型公益活动等。通过跨界合作、横向联合，广泛与政府、医院、学校、企业、义工组织以及社区居民合作，充分调动网民的参与积极性。“岭南名医”支持并践行广州“创建国家食品安全示范城市”工作，推动“健康中国”战略的深入发展。

结　语

在“一网一品牌”创建过程中，广东省重点网站仍有一些问题需要解决。首先，个别品牌栏目的互联网思维仍未完全树立，仍然以传统媒体的思路运营新媒体产品，忽视渠道、平台、社群、技术的力量，缺乏互动和反馈，难以聚合用户形成广泛的影响力。其次，一些品牌栏目虽然形成了线上线下的联动传播，但是线下活动仍缺乏经验，导致影响力相对较低。再次，个别品牌栏目对自身的定位尚不清晰，没能对自身品牌进行更深入的理解，过于贪大求全，导致即使有不错的想法，也难以产生精品。最后，个别品牌栏目的运营者侧重于目前的经济盈利，没有看到栏目长期发展中的痛点和难点，使得栏目的发展被限制在一个较狭隘的区域里。

创新是发展的源泉和动力。创建“一网一品牌”，必须把创新摆在核心位置，把互联网品牌栏目创建的重点放在创新上，不断推进思维创新、内容创新、形式创新、技术创新、手段创新，形成促进创新的体制架构。创新激励机制是创建“一网一品牌”的重点和难点，而人才又是网络媒体的核心竞争力，要通过创新人事制度、薪酬制度等手段，提高网络媒体工作者的积极性，真正吸引人才、培育人才、留住人才，推动重点网站品牌栏目的可持续发展。

此外，重点网站品牌栏目的创建不能“单打独斗”，而要“强强联合”。在“一网一品牌”创建过程中，“星期三查餐厅”“岭南名医”“聚投诉”等栏目的成功经验均表明，“强强联合”是创建互联网品牌的有效路径之一。品牌栏目要形成影响力和引导力，就必须深入挖掘垂直领域的相关内容，成为业界的标杆。在一些重大项目上，重点网站应寻求与政府部门、大专院校、行业组织、重要传播平台的合作，形成合力，进而实现社会效益和经济效益双丰收。“一网一品牌”创建活动，有力促进了广东省重点网站的大繁荣大发展，不断提升广东网络新闻舆论传播力、引导力、影响力、公信力，为加强互联网内容建设、营造清朗的网络空间发挥了强力有效的积极作用。

分论

百花齐放春满园　千帆竞发正逢时

南方网“南方网评”

栏目简介：“南方网评”是广东省委网信办指导、南方网主办的网络评论栏目。“南方网评”认真贯彻落实习近平总书记在党的新闻舆论工作座谈会以及全国网络安全和信息化工作座谈会上的重要讲话精神，以习近平新时代中国特色社会主义思想为指引，紧紧围绕学习宣传贯彻党的十九大精神，认真贯彻落实习近平总书记对广东工作提出的“四个走在全国前列”的要求，服从服务广东省委、省政府中心工作，聚焦社会热点事件、网络重大舆情，以原创评论为抓手，奋发创新，传播力、引导力、影响力和公信力日渐提高，业界品牌知名度和美誉度不断提升，逐渐成长为广东网络媒体引领主流舆论的一面旗帜。

栏目定位：擦亮“粤评品牌”，打造南方网络评论高地。

栏目理念：以创新之形式擦亮“粤评”品牌，以主流之强音占领舆论高地，以向善之力量凝聚正能量，以科学之精神培育理性思维。

栏目特色：原创性、创新性、权威性。

原创栏目：“南方 V 评”“南方漫评”“兴粤评论”“南方快评”“学习评论”“南方观澜”“岳新平专栏”“岳言专栏”“南方观点”“媒体热评”“南方宏论”“H5 专题”“香江观察”“广州观察”“深圳观察”“清远观察”“叮咚快评”等栏目。

聚合类栏目：南方宏论、南方观点、媒体热评。

栏目网址：http://opinion. southcn. com。

南方网“南方网评”栏目首页

铸造互联网时代舆论引导的新高地

——对南方网“南方网评”的评析

评论是媒体的灵魂。“南方网评”作为南方网的评论栏目，自然成为我国南方地区舆论的重要力量。近些年来，“南方网评”深入贯彻习近平总书记在党的新闻舆论工作座谈会上以及全国网络安全和信息化工作座谈会上的重要讲话精神，充分利用新媒体技术，逐渐打造起了格局宏大、形式多样、充满区域特色的“南方评论”高地，在网络舆论引导中产生了广泛的影响力。近三年来，“南方网评”屡屡荣获全国人大新闻奖、广东新闻奖和广东省人大新闻奖。其中全国人大新闻奖一等奖、二等奖、三等奖各1篇；广东新闻奖共6个，包括一等奖3篇、三等奖2篇、新闻专栏一等奖1个；广东省人大新闻奖一等奖2篇、二等奖3篇、三等奖2篇；2016年获得广东省第四届网络文化精品推广品牌栏目奖。此外，南方网评策划制作的《未来五年，广东人的生活会有多幸福》动漫视频、《法治慈善为全面小康汇聚强大正能量》等原创评论作品在2016年全国两会期间被点名表扬。

一、规格高端，格局宏大

在互联网时代，主流媒体之间、主流媒体与自媒体之间的竞争突出表现在“观点”上的竞争。政治、社会和经济生活的巨大变化，多元的价值观和纷繁复杂的社会现象催生了新的受众需求，也对媒体及时解读和引导新现象、新问题、新政策提出了更高要求。谁能把握住时代脉搏，谁就能独占鳌头。

“南方网评”作为南方网的评论栏目，不仅具有浓厚的地方特色，也同时具有全国视野的高规格和大格局。在重大新闻事件、民生热点、国家方针政策面前，“南方网评”坚持正确的舆论导向，充分利用全媒体矩阵，以理性、严谨、客观的笔调唱响了主流声音，真正打造出一个高规格、大格局、大视野的网评高地。

规格之高体现在内容选题上。“南方网评”站在全国视野，设有时政、经济、民生、国际外交、法治、教育、科技、文化、体娱等多个方面的评论专栏。一方面高屋建瓴，深入宣传、解读党和国家的方针政策，服从服务广东省委、省政府的重大决策部署；另一方面在社会民生问题、重大舆情面前及时发声，以网评标杆的姿态引领舆论走向。“南方网评”以原创评论为抓手，家事国事天下事事事关心，视野宽阔，深入观察，兼备了广度与深度。

“南方网评”持续打造了一批深入宣传解读习近平新时代中国特色社会主义思想的精品网评文章。围绕习近平总书记系列重要讲话、重大活动，“南方网评”先后策划推出了“学习习近平总书记系列重要讲话精神系列评论”“学习贯彻党的十九大精神系列评论”“奋力实现‘四个走在全国前列’深调研系列网评”等近60个系列评论专题2000余篇原创文章，其中全网推送文章300余篇。这些评论紧跟时政热点，抓准重点难点进行解读，起到了很好的宣传效果。该栏目以长篇宏论见长，2018年推出的两篇评论文章《以新的更大作为开创广东工作新局面》《坚定不移走改革开放之路》，就引起了网民强烈共鸣。另一方面，“南方网评”持续聚焦时下热点社会民生话题，精选、追踪、挖掘话题爆点，配发原创网评文章4000多篇，推出“话题聚焦”“越辩越明”等讨论专题40多个，以权威的南方视角在同题网评中走在舆论引导前列，同时还吸引了一批网评作者和网友主动参与，赢得好口碑，品牌影响力越来越大。

格局之大体现在栏目布局上。“南方网评”在主流的评论栏目之外，还打造了一批独具特色的“子品牌”，形成一批以“岳新平系列网评”“岳言系列网评”“香江观察”“越辩越明”“南方漫评”“小南君系列H5”“南方V评”“南方快评”“有声时评”等“子品牌”为代表的南方网评品牌矩阵。通过深耕内容、创新形式、创意包装等多种方式的强化打造，品牌知名度和影响力日渐提升。

其中，“岳新平”系列网评关注重大时政内容，截至2018年5月，共刊发51篇网评文章，从不同角度对重大主题展开系统、全面、深入的解读。该系列文章一经发布，即获全省推送，并被腾讯、凤凰、网易、新浪、中国网、中国经济网、千龙网、未来网、中国江西网、河北新闻网等众多主流媒体积极转发，品牌影响力快速扩大。

“岳言”系列网评围绕广东省委、省政府中心工作、战略部署，发出权威声音，以生动活泼、接地气的网络语言为网民深入解读广东省委、省政府重大决策部署和重要文件精神。其作为广东网络媒体的重磅权威品牌正在逐渐打响。

“香江观察”发挥据点优势，集结一批政治素质过硬、对香港经济社会发展有深刻研究的专家网评员，该栏目推出的香港回归20周年系列网评专题，为庆祝香港回归20周年营造了良好的舆论氛围。此外，面对“港独”分子“辱华”风波、内地女生怒撕“港独”海报事件等热点舆情，“南方网评”及时组织刊发原创网评文章，旗帜鲜明地抨击“港独”，提振爱国爱港正能量。据统计，2017年“香江观察”共发布评论稿件150多篇，阅读总量突破400万，转载率达80%以上。

“南方漫评”利用动漫形式，以“趣味性”和“图读式”吸引了众多读者关注。2017年以来，“有事漫漫说”以平均每周两篇的节奏共计刊发80多篇原创漫评文章，深受网民喜爱。

“南方网评”还打造了全新栏目“越辩越明”，每周选取五个较具代表性的热点话题对一周舆论焦点展开梳理盘点，引导舆论良好发展。据观察，“越辩越明”精品内容深受网友喜欢，每周内容一经推出便登上评论排行榜，突显了“越辩越明”栏目的品牌效应。

二、传播形式多样，传播渠道丰富

在互联网环境下，技术发展带来了媒体格局变革和舆论工作的新挑战。新闻评论如果还是依靠传统的纯文字模式，就会显得过于单薄，并且阅读长篇大论的文字会形成隐形的门槛，限制一些网民的接近和接受。因此，“南方网评”在打造精品内容的同时，也注意积极整合资源，加强传播渠道拓展，开发H5、动漫、脱口秀等多种评论形式，依托“两微一端”、融合渠道广泛推送，不断增强南方网评的传播力。

（一）传播形式多样

近年来，“南方网评”打造了一批新媒体评论栏目。“小南君 H5 系列”发布了《如果你想当代表委员，必须要知道的知识!》《小南君带你看总理访老挝》《全面从严治党实惠真不少》《小南君的国庆游》（图 1）等 H5 评论作品，借助“小南君”这一虚拟形象，以高互动性的方式邀请受众参与互动，增添了评论的趣味性。

图 1　H5 作品《小南君的国庆游》

“有事漫漫说”系列则充分利用漫评具体形象、易读好懂等特点，不仅在全国两会、广东省两会等重大时间节点利用漫评解读会议重大主题，同时还精选重要时政话题和热点社会民生话题，及时配发漫评文章进行“趣味性”和“图读式”解读。《Come on，十三五》《未来五年，广东人的生活会有多幸福》（图2）等一批融媒精品走红网络，收获了千万级的阅读量和网民点赞数。

图2　动漫作品《未来五年，广东人的生活会有多幸福》

“南方V评”系列作品时长约3分钟，以互联网+评论+动视频为主要传播形式，围绕重大主题，通过“南方网评”小编真人在虚拟融媒体演播厅出镜播报，将多层面的评论观点串烧起来，有声有色地宣传重大主题。《厉害了！全世界都在点赞这份贴心的报告！》《总书记为何一再嘱托广东“走在前列”?》（图3）《习主席点赞的“伟大民族精神”有何重大意义?》等微视频，被各大视频网站广泛转载，取得了良好的传播和展示效果。

图3 《总书记为何一再嘱托广东“走在前列”?》

与《南方日报》、“南方+”、广东省纪委联合推出的首款反腐题材脱口秀节目——《武松来了》（图4）则创造性地使用了短视频脱口秀的方式，赢得网友一片好评，流量始终高居前列。据统计，该视频全网总点击量超2亿，成为媒体融合转型中难得一见的爆款精品。

图4 短视频脱口秀《武松来了》

（二）传播渠道丰富

1. 通过 PC 端与移动端联动。充分发挥 H5 宣传作品、微信号文章等新媒体作品的移动端宣传优势，形成 PC 端与移动端双向联动之势。比如官方微信“木棉花香”，该公众号立足原创网评稿件，开通了后台评论留言，不定时开展征文活动和其他互动小活动，不仅可以快速吸粉，还能强化编读之间的良好互动交流。

2. 借力融合发展。“南方网评”积极借力集团融合发展，通过与《南方日报》、“南方 +”以及集团其他融合项目积极合作拓展宣传渠道。以《武松来了》为例，《南方日报》、“南方 +”专门开设版块刊播该节目是其取得巨大流量的助力因素。

3. 加强外联合作。“南方网评”还积极与腾讯、网易等商业门户网站，以及今日头条、一点资讯、企鹅媒体平台在内的资讯平台接洽合作，借助这些平台的现有用户，精准匹配用户阅读需求，推动社交平台二次转发。“南方网评”先前发表的港评文章，被今日头条抓取并推荐，一天内阅读量即迅速达到 5 万以上，短短几个月内“南方网评”在今日头条的累计阅读量已超 200 万次，很好地提升了“南方网评”的辐射影响力。

三、立足广东，展现区域特色

作为广东地区的评论栏目，“南方网评”坚持立足广东，突出广东特色，为广东经济社会发展提供精神动力。

“南方网评”持续发力打造“点评广东”专栏，紧密围绕广东省委主要领导重要讲话、重要活动以及广东省委、省政府重要决策部署开展网络评论工作，深入宣传、阐释广东经济社会发展的显著成效。据不完全统计，2017年“点评广东”栏目发布了原创评论350余篇，包含文字评论专题10余个，H5专题11个，其中近百篇文章获得全省推送。

另一方面，“南方网评”深度挖掘地市发展亮点，围绕广州、深圳、清远等地的创新探索推出“广州观察”“深圳观察”“清远观察”等地市观察栏目。这些栏目紧扣当地经济发展新实践，重点围绕重大舆情和重要会议的举办、重要政策的出台、经济发展新举措新成就以及重大突发事件，及时对当地政治、经济和社会发展大局开展评论引导工作，形成了集漫画评论、有声评论、网络专题、H5专题等多媒体专题同频共振的舆论阵地，进一步丰富了“粤评”的体系和内涵，也使广东形象更加具体可感。

据统计，2017年“广州观察”“深圳观察”“清远观察”栏目共发布原创评论文章数分别为150篇、120篇、80篇，其中获得全省推送的文章70多篇，实现省内媒体全覆盖，宣传效果良好。此外，值得一提的是，“南方网评”不断加强与地市的沟通交流，就重大宣传主题定期举行碰头会，研究具体工作部署，地市宣传合作经验日益丰富。比如，“南方网评”积极配合清远市委、市政府工作部署，聚焦已刊发的网评文章关键词展开深入梳理，集结成《南方网评：清远时间》一书，很好地宣传推广清远实践的先进做法和成功经验，同时也彰显了“南方网评”的品牌建设能力。

结　语

作为网络媒体的气质和灵魂，网评如何在融媒语境下更好地发挥舆论引导力，占领舆论制高点，是当前网络评论工作面临的重要任务和紧迫课题。要应对这一问题，需要根据自身的特点，充分利用“融”优势，积极转变思维理念，加强话语体系转换，让精品内容与全媒体形式产生化学反应，发出具有“融”优势的强音。

一方面，需要加强内容建设，做好中心议题设置，唱响主旋律宣传。融媒体时代，加强内容建设依然是新闻报道的核心，再炫的创新形式也必须基于扎实而精彩的内容。传统媒体的没落，并非是内容出现滑坡，而是阅读习惯的改变让读者在便捷性上做出了载体选择。在众声喧哗的迷雾中，优良的内容是主题宣传中最具穿透力的强音，能够直抵人心。因此，加强内容建设是网络评论必须坚持的核心灵魂。另一方面，需要积极创新理念，融合全新媒体多形式多平台，加强“融”传播。宏大主题往往容易在宏大背景之中迷失，如果没有生动的表达方式和传播形式，就难以满足多媒体背景下融合报道的需求，难以让深邃的思想、权威的解读赢得更广泛的受众人群。以手机为主要载体的新媒体化趋势下，网评宣传需要热情拥抱新媒体形式，充分运用全媒体“融”优势，主动适应分众化、差异化传播趋势，满足视、听、读的多维需求，多形式、多终端发力，通过充满创意的轻快形式展现重大主题。

南方网“H5 新媒体实验室”

栏目简介：为学习贯彻落实习近平总书记“2·19”讲话精神，推动媒体融合发展走向纵深，以及实施移动优先战略，2015 年 10 月，南方网正式推出“H5 新媒体实验室”。该栏目以创意动漫、游戏、视频特效等为主要表现形式，以手机为主要终端，以两微为主要平台渠道，以转发分享为主要传播方式，在 H5 新媒介上凸显南方网媒体融合的深度发展。

栏目定位：紧紧围绕国家政策方针，服务大局，宣传广东贯彻落实中央决策部署的重大举措和生动实践，成为地方主流媒体一支创新奇兵。

栏目理念：创新生产和传播方式，讲好中国和广东故事。

栏目特色：形式多样、互动性强、易于传播。

栏目构成：“讲习所”“广东印象”“两会”“网络中国节”“走转改”等栏目。

栏目网址：http://news.southcn.com/zl/h5/node_335837.htm。

南方网“H5 新媒体实验室”栏目首页

在媒体融合创新发展的试验田上精耕细作

——对南方网“H5 新媒体实验室”的评析

随着网络与新媒体的高速发展，H5 标准在正式推出之后，借由微博、微信等平台的巨大传播力，各种 H5 游戏和专题页面纷纷崭露头角，越来越多地出现在人们的视野中。由南方报业传媒集团、南方网推出的“H5 新媒体实验室”，成为以创意动漫、游戏、视频特效等为主要表现形式，以手机为主要终端，以两微为主要平台渠道，以转发分享为主要传播方式的南方网品牌专栏。

栏目经过两年多来的精耕细作，已经开始结出硕果。至目前，该栏目获得了 2016 年广东新闻奖网络专栏一等奖、第五届广东省网络精品文化推广活动“品牌栏目”、第二届中国数据新闻大赛二等奖等 12 个国家级、省级重要新闻奖项。

截至 2018 年 5 月，“H5 新媒体实验室”专栏凭借其形式多样、互动性强、易于传播等特性，取得了十分可观的正能量传播成果：浏览量 200 万 + 作品 4 个、100 万 + 作品 6 个、50 万 + 作品 6 个、10 万 + 作品 11 个，专栏综合浏览量已突破 5018 万，作品点击率和转发量明显高于其他同类型新闻作品。

一、坚持导向：围绕中心　服务大局

“H5 新媒体实验室”从诞生之初，就确定了“创新生产和传播方式，讲好中国和广东故事”的栏目主旨，紧紧围绕中心，服务大局。在讲好中国故事的基础上，专栏推出“讲习所”系列，目前已累计推出 18 个学习习近平总书记重要活动、重要讲话精神，并结合广东贯彻落实举措成效的 H5 产品，成为地方主流媒体一支创新奇兵。如 2018 年 3 月 7 日上午，根据习近平总书记参加十三届全国人大一次会议广东代表团审议时的重要讲话精神，栏目迅速推出 H5 作品《这个学习班，广东人绝对不能错过》（图 1），以通俗易懂的形式传达了这次重要讲话的核心要义。

图 1　H5 作品《这个学习班，广东人绝对不能错过！》

在讲好广东故事的基础上，专栏的“广东印象”系列与多个省市级机关单位联动，创新 H5 产品服务网民，全面展现在各个方面砥砺奋进的广东实践，塑造广东在移动互联网上的良好形象。此外，在广东多个重大突发事件舆论导向争夺战中，通过一个个鲜活的 H5 产品主动出击，如深圳滑坡事件的《这座城，这些人》《妮妲台风的 17 个画面》等产品在关键时刻起到了稳定民心、凝聚人心的重要作用，在业内引发极大关注，被学术论文引为优秀案例。

专栏还有多个系列在坚持正确舆论导向上下功夫，大力弘扬主旋律，积极传播正能量，提升主题宣传服务能力，不断在内容供给侧方面推出新媒体产品（图 2）。

图 2 “H5 新媒体实验室”主流价值观作品

二、坚持创新：省内领先　国内一流

“H5 新媒体实验室”多次全面改版，在内容、创意、技术、特效等方面快速迭代，从刚开始简单的图文动效，到电子书、音画动新闻、创意视频，再到绿幕特效、系列游戏等，涵盖之多、技术之深、形式之新、创意之绝、传播之广，都已稳居省内顶尖、国内领先水平。比如，栏目领先推出的手机桌面形式，第一代是图文点击形式的《手机桌面版 2016 广东省政府工作报告》，其创新的形式被多家新闻媒体采用；之后迅速迭代成为创意视频形式的《这款广东出品的手机桌面，果然与众不同!》，再迭代成为“一带一路”国际合作高峰论坛期间推出的绿幕真人 + 动画特效形式的《一带一路，广东可以做乜嘢？南方名记话你知》。

专栏还开发了一个“游戏”系列。庆祝建党 95 周年期间，专栏推出了红色游戏《优秀共产党员连连看》（图 3）。游戏中选择的 20 位优秀共产党员，是由众多网友在南方网投票“谁是你最熟悉的优秀共产党员”中选出的。这也使得这个 H5 游戏一开始便具备强互动的内核。严肃主题和互动游戏产生的化学效应，使作品成功刷屏微信朋友圈，网友表示“现在的媒体真的有创新意识，会玩”。南海仲裁案期间，推出了 H5 游戏《航母犯我领海，围歼任务交给你了!》，同样取得了理想的传播效果。

图3　红色游戏《优秀共产党员连连看》

三、坚持贴近：喜闻乐见　便于传播

H5 产品要有传播力，必须依靠广大网民的转发分享，必须贴近网民，贴近网民阅读习惯，贴近网络用语，贴近网络爆款形式。栏目的多款产品从标题到具体文本，都使用浅显易懂的网络用语、网民熟知的网络热点、喜闻乐见的载体形式，比如《习近平、特朗普讲授“中美关系”公开课》《习马会：从“吃不起茶叶蛋”到“we are 伐木累”》等，对时政硬知识进行网络软解码；又如《这个春天，分享一个我最爱的朋友圈》（图 4）《拿什么留住你？小鲜肉！》等，通过熟悉的网络元素展现主流声音；再如《一带一路，广东可以做乜嘢？南方名记话你知》中用“粤普”等讲述广东故事等。

图4　H5 作品《这个春天，分享一个我最爱的朋友圈》页面

四、坚持融合：互联网元素全面发展

“H5 新媒体实验室”的多款产品都取材于《南方日报》等南方报业传媒集团所属媒体报道，进行文本和画面的网络转化后而成，如《2017 全国两会，习总书记同代表委员共商国是纪实》《广东团开放日：我是代表，我建议!》等，在 H5 上展示音视频、动画等互联网元素齐全的全媒体报纸版面。而“走转改”系列，更是以媒体融合的全新生产方式，专栏策划人、南方网记者和传统媒体记者一起深入基层、采访群众、搜集素材，一起做网络语言画面等元素转化，合力生产制作 H5 产品，深受网民好评，该系列有三个作品同时获评“广东新闻战线走

转改优秀作品一等奖”。

五、展望未来：内容生产和传播工作齐头并进

目前，“H5 新媒体实验室”在结合使用新媒体把握大局、融合创新等方面取得了不错的成绩，但是，内容生产力度有待加强，在热点时期过后，仍需要优秀高质的作品走进群众，只有源源不断的丰富内容输出并结合先进的技术手段，才能打造品牌优势，提高传播力和知名度。下一步，“H5 新媒体实验室”致力于在以下三个方面做好内容生产和传播工作。

（一）服务南方网移动优先战略，做前进的“探路者”

南方网的移动优先战略有三个战略支点：新媒体爆点、专业化媒体和多元化渠道。“H5 新媒体实验室”就是南方网移动优先新媒体爆点的探路者。以 H5、短视频为代表的移动化内容产品已经成为包括传统媒体和新媒体竞争的制高点。占领这个制高点，一方面展现南方网在移动端内容产品的顶尖创意技术能力，另一方面可以为南方网从两微等平台带来移动端的流量入口，为南方网实施移动优先战略打下坚实基础。

（二）做好南方网红培育工作，做网红的“助推剂”

南方网红，可从两个层次来理解：南方，意味着高度和创新；红，意味着一颗红心和网络走红。“H5 新媒体实验室”与上述两个层次的意味高度吻合，把栏目作为打造南方网红面向移动互联网的传播平台，将会起到事半功倍的效果。“H5 新媒体实验室”正在进行这样的尝试：

《一带一路，广东可以做乜嘢？南方名记话你知》，两位刚刚入选南方报业传媒集团第二批南方网红的朱景和刘竞宇共同出镜，过了一把网红瘾，两人的形象也随着这款H5刷屏朋友圈，取得了非常良好的效果。《互联欢乐颂|我们被网络改变的每一天》以微电影的形式展现互联网如何改变了我们的生活，由三名南方网红携手出演。以这些作品为起点，“H5新媒体实验室”进一步邀请了其他南方网红做客H5，助力南方报业传媒集团的南方网红培育工作，助推南方网红在新媒体产品生产和传播中破茧成蝶、脱颖而出。

（三）积极培训全媒体人才，做人才的“孵化器”

“H5新媒体实验室”栏目成了南方网培育新媒体人才的摇篮。通过高强度磨砺，每位专栏编辑都正在向能歌善舞、能编善演方向发展，成为具备包括视频剪辑、配音、主持、编剧、导演等一专多能的全媒体编辑人才。美术编辑也从当初的设计工作开始延伸到代码、视频领域。未来，团队将引入更多南方网编辑轮值，同时开展新媒体技能培训，孵化更多的专业人才，力争成为壮大主流思想舆论的排头兵。

结　语

“H5新媒体实验室”之所以能够从一出现就引起大量的关注，形成良好的用户传播势能，除了使用互联网技术手段搭建全媒体的框架和平台，根本在于它营造了良好的用户体验场景。通过跨平台兼容PC端与移动端，用户只需要扫一扫便可以获取音视频、图像动画和现场文字报道，并且设计者通过“游戏”“知识闯关答题”“公开课”等丰富的内容形式增加了与用户的互动，各种触控滑动点击、摇一摇、重力感应、环境感应等，都会和设计形成互补关系，给用户带来新的体验，利用了互联网的快速性，短时间内达到很高的浏览量和识别度。在此基础上，“创新生产和传播方式，讲好中国和广东故事”的“H5 新媒体实验室”的传播形象更加深刻地植入了用户媒介选择体验上来。

当然，因为 H5 本身作为一种轻巧的小媒介，如何和动漫、动画、短视频、网络直播、VR 等新技术更好地嵌入和融合，以及如何有效嫁接幽默有趣的传播形式与严肃的传播内容，将进一步考验着编辑团队的创新能力。

金羊网“岭南名医”

栏目简介：金羊网结合大众关注的健康热点，依托广东各大三甲医院的名医资源，大力建设“岭南名医”品牌栏目，以“名医+健康服务”为主线，构建打通线上线下的六大版块：名医智库、健康访谈、谣言止、智慧养生、健康大讲堂、名医进社区。六大版块在线上依托羊城晚报数字媒体的全媒体传播渠道，线下打通医院与社区、社会团体各方资源，将岭南名医升格为能够承载名医、健康、食安、亲子、互动等多元特色开发的大平台。

栏目定位：践行“健康中国”战略，关注大众健康需求，倡导健康生活方式，打造人民群众喜爱的具有公信力的健康科普平台。

栏目理念：为人民群众提供权威、科学、及时、有效的健康科普服务。

栏目特色：公益性、时效性、科学性。

栏目构成：“名医智库”“健康访谈”“谣言止”“智慧养生”“女性保健”“健康大讲堂”“名医进社区”等栏目。

栏目网址：http://health.ycwb.com/lingnanmingyi.htm。

金羊网“岭南名医”栏目首页

打造身边的健康医疗科普服务平台

——对金羊网“岭南名医”的评析

在“健康中国”的背景下，为贯彻落实全国卫生与健康大会精神和“健康中国2030”规划纲要，扎实推进健康中国建设，不断提高人民群众健康水平，2017年金羊网结合大众关注的健康热点，依托广东各三甲医院的名医资源，大力建设“岭南名医”品牌栏目，通过创新栏目结构，以“名医+健康服务”为主线，构建打通线上线下的六大版块：名医智库、健康访谈、谣言止、智慧养生、健康大讲堂、名医进社区。增强内容原创力，推动内容创新，注重集成融合、跨界整合，栏目更丰富多彩，信息量更大，服务性更强，互动更及时更紧密，影响力越来越深入人心。通过一系列的策划推广，运用网站资源和各种新媒体传播手段。同时，着重贴近群众生活和群众健康需求，应时应地传播岭南大医的名医经验和“治未病”的保健理念，积极引导群众智慧养生。

一、栏目管理：围绕“健康中国”战略　服务人民群众

（一）版块全面升级优化　六大版块打通线上线下

2017 年“岭南名医”将“智慧养生”内容版块进行升级，打造全新的六大版块，以名医智库、健康访谈、谣言止、智慧养生、健康大讲堂、名医进社区为主题，线上依托羊晚数媒的全媒体传播渠道，线下打通医院与社区、社会团体各方资源，将“岭南名医”升格为能够承载名医、健康、食安、亲子、互动等多元特色开发的大平台。

（二）安全保障细致缜密

“岭南名医”的专家访谈、专家视频、活动专题是通过记者采访、通讯员供稿和选编背景资料等方式制作而成的，坚持医疗内容的科学性和信源的真实性。“岭南名医”专题是响应热点、紧跟时令节气、紧贴群众生活、实用性强的综合性原创专题，经过“三审制”严格缜密的审核把关，网页信息内容才能发布。

二、栏目设计：美观大方　全方位凸显“岭南＋名医”元素

（一）内容版块全维度展示岭南名医

依据时令节气，根据群众需求，大力推介群众身边的岭南名医，传达名医的养生保健观念，推动名医与社区群众、中小学生等受众的互动，重点在主平台网页上呈现六大版块：

1. 名医智库：名医智库是“岭南名医”最核心的内容。栏目与岭南各大三甲医院合作，建立独家名医资源库，将岭南医德好、医术高的名医专家特别是优秀的中青年专家都纳入名医库中，并在栏目首页最醒目的位置呈现专家名录及访谈，方便群众根据实际需要选择就医资源，同时也大力引导这些名医积极参与到社区健康服务中，为社区群众送健康，为中小学生科普科学保健知识。名医智库吸引了众多医药大咖参加，截至 2018 年 5 月，已有 100 多名专家入驻名医智库。

2. 健康访谈：根据新生代网民的阅读习惯、喜好和新媒体传播特点及时令热点，采访岭南医药界的名医大咖，制作专家微视频，整合提炼保健知识及健康理念，致力于提高人民群众的健康水平，以灵活的全媒体形式传播。2017 年，“岭南名医”采访了广东 30 多家三甲医院近 20 个科室的 110 多位名医专家，完成访谈文章近 200 篇，拍摄微视频 12 条。

3. 谣言止：以最新网络谣言为切入点，紧扣“有趣、权威”的主题，及时澄清谬误，引导公众关注，还原与医疗健康相关事件的真相。截至 2018 年 5 月，已经发布了 35 条辟谣信息。

4. 智慧养生：为了让网民明辨是非，获取适合自己的养生保健方法，指导民众进行时令养生、膳食调理、美容养颜、科学减肥等。

5. 健康大讲堂：携手各大医院及各领域的专家教授，利用健康日、疾病日、时令节气等节点，在医院大楼或户外公园等开展线下高水平、高标准、高规格的健康大讲堂活动（图 1）。

6. 名医进社区：发挥媒体平台的强大策划力，根据时令及社区特点、医院优势专科等特色，策划一系列丰富多彩的健康咨询、食品安全宣教、亲子健康跑活动，积极打造一批名医进社区的服务活动，参与主

图1 “名医健康大讲堂”活动

办了一批积极向上、有益健康的社区活动，为社区居民、学校学生及时提供健康服务。

（二）视觉设计主打岭南风情+健康元素

“岭南名医”专题的设计风格美观大方，充分运用岭南文化的影像元素体现岭南特色。同时，在岭南风情中结合健康时尚元素，色调明快亮丽，构图简洁清晰，整体风格既简约又清新（图2）。

三、栏目创新：名医效应显著　线上线下相呼应

“岭南名医”栏目始于传播名医观点，指导民众智慧养生，特别加强了抵制谣言、社区服务的新元素，积极从线上开展到线下，拓展贴近

图2　“岭南名医”栏目首页

时代、贴近生活、贴近民众需求的健康项目，发展更丰富的传播形式和渠道。

（一）名医品牌效应显著

在引导专家服务社区的同时，着力打造了一批基于专业知识和技能、长期吸引受众、有独特魅力的医生品牌。如广东省中医院副院长、中医内科主任医师张忠德（德叔）在《羊城晚报》、金羊网开设“德叔医古”专栏，为群众讲述反复感冒、久咳不愈、慢性鼻炎、哮喘等常见病的日常预防与科学治疗途径。

（二）更加强调参与互动

在各项健康活动中，更加强调全民参与、社区互动，积极调动媒体专业的策划能力，贴近民众的健康需求，采用签到有礼、参与有礼、分享有礼的方式，激活民众的参与积极性，加强项目的互动频次，掀起广泛的参与高潮，如健康大讲堂、公益亲子跑、食品安全公益宣传等。

（三）全媒体立体化传播

“岭南名医”注重新媒体传播以及媒体集群的传播运用，以融媒体的形式，采用微视频、H5、长图文等多种报道方式进行全媒体报道，以“文 + 图 + 视频 + H5”多元化方式呈现，实现报、网、平媒以及两微一端联动报道，其中微信互动赢得了用户追捧，整体覆盖人次超 40 亿。在“羊城派”设置“天天养生”专栏，集合已报道的专家微视频、专家访谈文章等内容，更方便大众即时获取资讯和参与互动。

（四）下沉到社区基层

下沉到社区基层是 2017 年“岭南名医”的一条工作主线。“岭南名医”多次组织健康咨询及名医进社区活动，走出医院，走进社区，走进学校，走进家庭，积极宣传科学养生保健知识及进行食品安全教育，如开办健康大讲堂、名医进社区、食品安全公益宣传活动。

（五）推进跨界联合

“岭南名医”强调跨界整合，加强与政府机构、医院、社区、学校、企业的合作，积极介入社区健康服务活动的拓展，将媒体的内容生产能力、策划能力和全媒体传播能力转化为社区服务能力与文化跟进力。加强了媒体与企业、政府机构、社区的跨界联合，无缝合作，为人民群众服务，产生全新的文化价值。

四、栏目时效：践行“健康中国”战略，紧跟时令、健康热点

（一）坚持方针政策　贴近群众需求

“岭南名医”在栏目建设与项目的拓展中，坚持在国家与广东省的政策方针大背景下展开。同时，栏目的选题策划及主题活动均贴近群众实际需求，应时而动，因地制宜，接地气，促民生。

1. 党的十八大以来，提出了建设“健康国家”的战略目标，把“健康中国”建设上升为国家战略，把健康置于优先发展的位置，提出了“没有全民健康，就没有全面小康”。

“岭南名医”栏目紧跟大时代大背景大节奏，坚持服务“健康中国2030”战略，坚持报道医药新发展，开展形式多样的医药科普宣传教育活动，提供从“治未病”到“治疗预后”全过程的实用知识教育，为人民群众提供全方位全周期健康服务。

2. 党的十八大以来，以习近平同志为核心的党中央高度重视中医药事业发展，把中医药提升到国家战略高度，出台了《中医药法》等。党的十九大报告作出“坚持中西医并重，传承发展中医药事业”的重要部署，充分体现了党中央对中医药发展的高度重视。

“岭南名医”栏目自成立之日起，始终坚持报道中医药新发展及宣传中医药专家，努力推动中医药振兴，并致力于推动中医药和西医药相互补充、协调发展，提升健康服务水平。

3. 为支持践行广州“创建国家食品安全示范城市”，“岭南名医”专门组织了中小学校食品安全宣传月、2017 年度广州市中小学生“创

建国家食品安全示范城市”主题征集大赛等活动，推动广州“创建国家食品安全示范城市”，增强广州人民的安全感和自豪感。

4. 结合2017年的疾病日、健康日，特别是紧跟时令节气，紧追健康热点，“岭南名医”特别策划并制作了与时俱进的健康选题，并据此策划组织报道了多场线下活动。

（二）在项目的执行与传播中，强调渗透传播、快速传播与覆盖传播

1. 分阶段渗透传播：包括项目预热宣传、引爆宣传和持续宣传。

2. 即时分享传播：加强传播的即时性，在现场用新媒体的方式随时传播，并充分运用分享互动的方式迅速扩大传播面。

3. 全网覆盖传播：充分运用羊晚数媒的全网联盟资源，将项目快速传播到其他媒体中，加强全网的覆盖传播。

五、栏目影响力：打通线上线下藩篱　全面覆盖精准传播

2017年，“岭南名医”在影响力的深度、广度上都下了扎实的功夫，通过资源整合、超强组织能力，全面打通线上线下，覆盖广泛，实现精准传播，产生了全方位的影响。

（一）深度影响

通过有组织的资源整合，将“岭南名医”的项目嵌入人民群众的日常健康生活当中，达到深度影响，通过有策略、有步骤的传播，将项目的影响力烙印在受众的脑海中。特别是“名医智库”与“健康访

谈”，深刻影响了民众的看病治疗选择。“健康大讲堂”与“名医进社区”则拉近了民众与名医的距离，为他们寻医问诊提供了极大的便利。

（二）广度影响

通过跨界合作，横向联合，广泛与政府、医院、学校、企业、义工组织以及社区居民合作，充分调动起最广泛的参与，栏目整体覆盖人次超40亿。

（三）持续影响

通过“岭南名医”栏目对目标受众的持续作用，每一个项目都在传播上采取多手段覆盖，同时在后续宣传上形成有效的长尾效应，圈定稳定的受众群体。

“岭南名医”在金羊网首页、岭南大医馆微信、羊城派均有显著的专区显示，对于吸引受众、稳定受众有极大的优势。特别关注健康养生专区的受众稳定，心态成熟，对健康和养生关注度较高，乐于传播健康资讯，继而也实现了精准传播。

六、线下活动举办：应时应地　多形态全覆盖

除了线上活动，“岭南名医”与各三甲医院加强健康科普方面的联系，在各疾病日、健康日活动中，在医院宣传大厅、社区等场所开展健康讲座、名医咨询活动，增加名医与大众的互动，让健康知识服务进企业、进农村、进机关、进校园、进社区。

2017年，“岭南名医”举办了37场线下活动，活动形式包括“健

康大讲堂”、社区活动、作品征集、亲子休闲、福利派发、新书发布会等。

(一)健康大讲堂

将科学的健康理念落到实处，是“岭南名医”一直以来的目标。2017年以来，“健康大讲堂”联合广东各大医院，汇聚岭南众多名医专家，从市民关心的健康问题入手，进行科学健康知识的普及与教育。

“健康大讲堂”先后举办27期，共邀请名医专家75人，惠及市民近万人次。“岭南名医”依托羊城晚报全媒体平台，并通过报纸、网站及“两微一端”等平台组织宣传报道，传播科学的养生保健理念。

(二)社区活动

1. 名医进社区：为了解决市民看病难问题，“岭南名医”积极推进“名医进社区”活动，为市民提供全方位全周期健康服务。

2017年，“岭南名医”先后组织4次“名医进社区”活动（图3），惠及市民2000余人，实现不用排长队就可让名医专家坐诊、不用去大医院就能在自家社区进行基本疾病治疗和身体常规检测的目标，得到社区居民的一致好评。

2. 食品安全科普进社区：在广州市食品药品监督管理局和南沙区食品安全委员会办公室的协作下，以“闯关游戏体验”为形式的食品安全公益宣传活动在南沙区市民广场举行。活动以“广州创食安，公益总动员”为主题，发动专业研究机构、高校社团、食品生产企业及学校、社区等各界代表参与，通过“食安+公益”模式，向市民发出食品安全倡议，普及食品安全科普知识。

图3　“名医进社区”活动现场

3. 食品安全宣传进校园：为普及食品安全知识，加强学校食品安全教育，广州市食品药品监督管理局和广州市教育局联合将每年的9月份确定为中小学校食品安全宣传月。

“岭南名医”借此契机，与上述单位携手，紧扣食品安全共治共享的宣传理念，围绕创建国家食品安全示范城市的主题，策划开展适应儿童人群特点的食品安全进校园活动，举办食品安全科普讲座，通过食品安全儿歌、食品安全科教片等形式在全市所有中小学校开展科普宣传，在提高小朋友食品安全意识的同时，让社会各界共同参与，齐心协力，共同守护学生“舌尖上的安全”。活动利用报纸与新媒体联动宣传，先后策划报道20余篇，很好地将食品安全理念普及进中小学校园。

4. 福利派发：“岭南名医”在做好科学的健康理念宣传工作的同时，还非常重视与民众的互动。在“岭南名医”专题页面中，专门开辟为人民群众派发福利版块。2017年，岭南名医共派发健康福利及预告讲座信息18次，惠及市民达7000人次。

（三）作品征集

“岭南名医”联合广州市食品药品监督管理局、广州市教育局等举办了2017年度广州市中小学生“创建国家食品安全示范城市”主题征集大赛，共收到来自全广州范围内中小学生创意作品近4000份。

（四）“亲亲快跑”大型公益亲子跑活动

为了增进家长与孩子的情感交流，金羊网主办“为爱10公里　合你17跑”第四届“亲亲快跑”大型公益亲子跑活动（图4），传递“均衡健康　亲子互动”理念。此次活动吸引100多个家庭报名参加。

图4　“亲亲快跑”亲子跑活动

与此同时，“岭南名医”还依托羊城晚报新媒体平台，进行活动后续报道，并以此为契机，进行亲子关系探讨等相关健康主题的报道。

（五）新书发布会

在“德叔医古”专栏的开办过程中，结合群众想获取完整的呼吸疾病预防知识需求，为了让群众更方便查阅、运用中医药保健技能，“岭南名医”联合羊城晚报出版社为广东省中医院副院长、中医内科主任医师张忠德（德叔）编辑出版了《张忠德：难缠小病防与治》一书。

结　　语

医疗文化和健康养生本就是人们持久关注的话题，近年来中医中药也受到更多人的追捧，“岭南名医”利用数字媒体对网络资源和专业资讯进行高速度、高品质投放，从而使其成为可自我良好成长的品牌。下一步，“岭南名医”在六大版块上升级优化，在继续打造“养生”“文化”两个相关主题概念的基础上，开拓发展“文”“教”“养”“康”四大主题发展计划。

（一）文

“岭南名医”将重点展示广东医药界老字号的风采，传播中医药文化，做好“名医”“南药”的宣传推广工作：以南药代表陈皮为契机，传播传统中医药的故事为本源的纪录片创造；讲述广东省各中华老字号的前尘往事、传承发展，征集文化体验者到老字号参观，推动非物质文化遗产的振兴发展；研究“顺”在中国传统文化特别是中医药文化中的特殊意义，开展“顺”文化研讨会，策划推广“顺”文化。

（二）教

深入社区，为社区居民提供便利的名医咨询、健康体检等服务，并推动中医药文化进校园进社区。“岭南名医”将继续扩大对名医大咖的采访，争取开展更多“名医进社区”活动，持续做好中小学生的健康教育、食品安全教育等。

（三）养

“养”加强“治未病”理念的传播。“岭南名医”利用羊城晚报智慧信息研究中心的研究优势，对大数据分析与挖掘，找出最受人民群众关注的多种常见病、多发病，分别设置子专题或搜索页，便于特定人群查找。如建立爱腰专题、哮喘防治专题、慢阻肺专题、健康体检专题等。

（四）康

“岭南名医”将寻找独具岭南特色的健康文化招牌，挖掘更多的“名医”新资源，通过系列社区活动、征集互动及宣传视频，展示丰富的健康文化底蕴，促进中医药文化的传承发展，并继续丰富“岭南名医”的栏目平台功能，提升“岭南名医”的品牌价值。

“岭南名医”因其传统媒体公共属性的适配性，目前在线上宣传科普的过程中主要以“单向传播”为主，患者与医生的线上交流少等问题，应提高用户参与度，做到品牌共生，为用户提供预约、问诊、咨询等高质量个性化服务。在文化方面，“岭南名医”应着力将岭南医疗文化垂直领域做深，扬长补短，专注打造具有岭南特色的健康医疗服务体系。

金羊网“羊毛财经”

栏目简介：“羊毛财经”是由金羊网整合资源，与羊城晚报报业集团、高校、企业、创业者、理财界人士共同探索媒体融合发展的创新品牌栏目。“羊毛财经”聚焦财经资讯信息细分市场，传播互联网金融与高新科技产业的前沿信息，旨在为中青年城市白领提供新型轻松便捷的理财技能，为在“互联网+”时代背景下的创业人士提供一个展示自我的社交平台。一方面，传播财经观点、理念和正确的创业观、理财观；另一方面，融渠道以合力创造核心竞争力。另外，“羊毛财经”也通过各种媒介形态的不同探索，为融媒体发展进行了一些有益的探索和尝试。

栏目定位：中青年城市白领金融理财社交平台。

栏目理念：聚焦互联网金融与高新科技产业的前沿信息，融媒体、融渠道打造财经资讯前沿平台。

栏目特色：短视频、互动性、多渠道、接地气。

栏目构成：“羊毛时事”“创世代”“微理财”“财经评论”等栏目。

栏目网址：http://zt.ycwb.com/2016/ymcj/?id=6。

共享停车位，停车so easy

简介

“开车，停车难。不开车，出行难。”是都市生活里每天都要面对的选择难题。你是否也在为找不到停车位而苦恼？为高昂的停车费郁闷纠结？take it easy！本期创业者陶媛，大胆盘活现有停车资源，分享车位闲置时间，用共享经济让“找车位”省时又简单！

创世代>

江炜一我是儿童教育市场的搅局者

来，我们帮你养花吧

金羊网“羊毛财经”栏目首页

打造专业的财经资讯融媒体平台

——对金羊网“羊毛财经”的评析

当代社会，一个新的经济现象的产生、一个财政政策的发布、一个利率的变化，都可能直接影响人民的日常生活。财税金融在日常生活中扮演着重要角色，民众对金融财经资讯的认识和重视程度也在不断提升。如何以更多样、更吸引用户的形式和内容传达财经资讯、解读互联网金融热点，成为传媒行业的一个重要命题。

2016 年，金羊网整合报网资源，联合羊城晚报报业集团、高等院校、专业学者以及社会各界相关人士共同探索财经媒体融合发展，推动创立品牌栏目“羊毛财经”。“羊毛财经”被定位为财经金融资讯信息垂直领域的专业媒体，重视互联网金融与高新科技产业的前沿信息，旨在为中青年城市白领提供新鲜、易懂、有趣、有用的信息资讯和新型、轻松、便捷的理财技能，为在“互联网 +”时代背景下的创业人士提供一个展示自我的社交平台。“羊毛财经”采取“中央厨房”式新闻生产模式，由新媒体版块统筹人力、财力、物力等资源。一方面，重视内容的导向性和贴近性，传播专业的财经观点、理念和正确的创业观、理财观；另一方面，以融渠道的方式，打通产、学、研各方，通过各种媒介形态的探索，对融媒体发展进行了一些有益的探索和尝试。

“羊毛财经”以一周一期的更新频率在羊城晚报报业集团的网站、新闻客户端等渠道进行分发；部分节目通过羊城晚报的“两微”平台进行推送，获得数百万的点击量，引起了众多网友的关注。“羊毛财经”重视栏目的线下落地，经线下活动累计产生富有感染力、传播力的原生内容作品超过100余篇，通过近7万网友的主动评论与分享，传播覆盖近3100万网民。2016年，“羊毛财经”获得了广东新闻奖品牌栏目二等奖。

一、全维度展示财经创业内容

“羊毛财经”立足财经领域，在选题策划制作方面重视专业性、原创性和贴近性的统一。“羊毛财经”以“顶天立地”为内容宗旨，上为国家经济把脉，下为普通民众谋利，其内容由羊城晚报经济新闻部的专业人员进行把关，力求满足不同群体对财经新闻的个性化需求。

（一）全维度展示

“羊毛财经”栏目下设四大核心内容版块（图1），有重点地突出不同方面的重要内容，有效引导用户使用主平台网页，实现全维度、全方位呈现。栏目的四大核心版块，皆有相对应的线下活动，配合版块内容同步推出，为网友提供线下的交流互动的机会。

1. 羊毛时事：聚焦互联网高新科技产业、互联网+新兴产业等的前沿发展和最新动态，为用户普及财经知识，内容涉及无人机、校园贷、共享单车等行业热点。

图 1 “羊毛财经”内容版块

2. 微理财：带有天然的公共属性，以微课堂的方式呈现轻松便捷的理财方式，为用户分析投资股票、基金、期货、黄金等不同理财方式的优劣，指明投资理财过程中的陷阱，提供清晰的理财指导。

3. 创世代：服务于小微企业，呈现当代各种创新创业尝试，为创业人士提供一个自我展示的社交平台，推动营造“大众创业、万众创新”的发展新局面。

4. 财经评论：聚集严丽梅等一批财经界的“大牛”，针对国家财政金融新政策、当下各种财经现象、创业热点，作出最专业的评论与最深刻的分析，指引用户理性对待相关问题。

（二）视听互动呈现

通过整合包括羊城晚报报业集团、中山大学等多方资源，“羊毛财经”的节目内容既涉及宏观经济金融政策，又有实用的理财知识，还有成功的创业经验，力求全方位、多形式地为读者提供具有专业性、贴近性、实用性的信息内容。

金融财经类的知识较为专业，令许多民众望而生畏。“羊毛财经”打破传统财经资讯仅通过文字、图片、动图、新闻播报等形式进行传播的局限，不断创新内容表现形式，利用视听互动的方式，在栏目呈现的视觉效果上，创造性地运用动画、电影片段等方式，在保持信息准确性的前提下，把“高大上”的金融财经知识以生动有趣、“接地气”的方式传播给普通百姓，大大提高了信息传播的影响力度。

除了营造动画、电影场景等丰富多彩的视觉效果，“羊毛财经”在字幕、画外音等方面主动加上来自官方的“吐槽”，与观看视频的用户进行“互动”，使财经资讯变得更为生动有趣。“羊毛财经”栏目专门设置了评论版块，提高网民参与的积极性。

二、全渠道分发内容

“羊毛财经”是金羊网融合高校、机构专家等多方力量，着力打造的财经垂直领域资讯栏目。在栏目生产运营机制上，金羊网采取类似于人民日报“中央厨房”的方式，通过设置统一的新媒体中心统筹各种资源，同时由羊城晚报数字媒体有限公司专门负责市场运营，从而推动内容专业性与产品市场性的平衡。

在渠道传播方面，“羊毛财经”坚持全渠道传播，在网、端、微建立“羊毛财经”栏目专题，形成强大的合力，单条视频的日均独立访客人数超百万。

在金羊网首页上开辟“羊毛财经”专题，累计发布了78期相关内容，平均访问量近3万，其中最受用户关注的视频内容是《要入市新股民注意　这些小技巧能帮你》，阅读量近7万。

2016年，《羊城晚报》官方微博以“#羊毛财经#”为话题词在微博平台进行发布，共发布50余条视频微博，总阅读量超过528万，在财经资讯领域形成了较大的影响力，拥有了一定的用户群。“#羊毛财经#”话题平均阅读量约12万。其中，阅读和互动最高的一条为《【时事】六连冠——恒大王朝背后的资本解密》，阅读量逾38万。

《羊城晚报》移动客户端“羊城派”也是“羊毛财经”的重要分发渠道。目前，“羊城派”上累计发布“羊毛财经”的推送内容34条，平均访问量近3万。其中《羊毛财经★时事丨大战僵尸（上）：僵尸企业的自白》的阅读量最高，超过7万。

三、线上线下频繁互动

2016—2017年，金羊网“羊毛财经”栏目共举办了近20余场线下活动，四大核心版块均有相应的线下活动作为落地支撑，活动形式包括线下论坛、企业采风、专访、沙龙、分享互动等，现场参与人数超过

3000 人次。全年活动产生富有感染力、传播力的原生内容作品超过 100 余篇，通过近 7 万网友的主动评论与分享，传播覆盖近 3100 万网民。

（一）专家论坛

“羊毛财经”的“羊毛时事”版块结合当下社会热点，举办了多场线下专家论坛。其中，“新趋势·新融合”前瞻论坛（图2）邀请了中央政策研究室原局长、中国经济研究院院长白津夫，广东省社科院院长王珺，广东广晟资产经营有限公司董事李泽中，恒生银行（中国）有限公司副董事长兼行长林伟中，恒生银行高级经济师姚少华，中国出口信用保险公司广东分公司党委书记、总经理陈连从，中关村新华新能源产业研究院副院长林玉等专家，对“十三五”开局在即背景下的经济转型“新玩法”展开讨论，深入剖析众多财经现象与政策。

图 2　“新趋势·新融合”前瞻论坛

（二）企业行

“羊毛财经”栏目不仅为观众提供全面及时的财经信息，还通过举办企业行活动，深入企业调研，以具体的企业为案例，深刻剖析各种财经现象。例如，“羊毛财经”组织了“走进陈李济”的企业采风活动（图3），深入报道了中药老字号“陈李济”为“长寿”付出的努力，探讨了新时代背景下如何保持企业活力等问题。

图3 “走进陈李济”活动的网页展示

（三）理财沙龙

“羊毛财经”的“微理财”版块聚焦普通民众的投资理财资讯，在线上积累了大量活跃粉丝。为了更好地服务于民众，“羊毛财经”在线下组织举办了诸多与投资、理财相关联的活动，涵盖家庭理财、基金、黄金、文玩收藏等诸多领域，全方位满足民众需要。

（四）财富论坛

依托于高校、研究所等专家资源，“羊毛财经”的“财经评论”版块多次举办了线下财富论坛，让这些顶级财经专家与观众零距离接触，分享行业最前沿的研究成果，受到许多民众的热捧。2016 年 4 月，“羊毛财经”邀请全国政协委员、中山大学管理学院教授、博导毛蕴诗，全国人大代表、广东省社会科学院产业经济研究所所长、研究员向晓梅解读“两会”政策将如何引领企业创业创新；7 月，“羊毛财经”邀请北京大学经济所房地产金融中心主任冯科讲述金融市场振荡下的资产配置策略；12 月，“羊毛财经”邀请越秀地产广州公司副总经理伍岳峰分享了房地产转型创新与 2016 年发展趋势暨投资策略。

（五）“创世代”创业沙龙

“大众创业、万众创新”已然成为时代的潮流，在媒体融合的浪潮下，“羊毛财经”的“创世代”版块依托传统媒体的品牌积累，多年沉淀的相关政府部门、投资机构等独特资源以及羊城同创汇、羊城创意产业园的集聚效应，在提供线上创业经验交流服务的同时，举办创业沙龙线下活动（图 4），邀请珠三角优秀的创业者和创投机构、孵化机构对接，进行路演，并由创业导师提供点评和帮助，为有意创业者提供一个近距离与创业成功的人士交流的机会，也为创业者们打造一个互相沟通学习的平台。

图4 “创世代”创业沙龙活动

结　语

“羊毛财经”栏目通过融渠道、融媒体的方式，创新财经资讯表现形式，重视互联网金融创新现象，形成了较为广泛的影响力。然而，作为一个新生栏目，“羊毛财经”在内容、传播、技术等层面仍存在不足。2017 年 6 月，金羊网主动叫停“羊毛财经”的视频制作，进行内部升级迭代，用做 IP 的思维做栏目。

在内容层面，金羊网计划在“羊毛财经”原有的“羊毛时事”“微理财”“创世代”“财经评论”等版块的基础上，融合《羊城晚报》公众号“晚晚好彩”等内容，增设彩票、证券等版块，进一步拓展内容的广度和深度，形成“羊毛财经”品牌效应。此外，金羊网计划与更多的高校、研究机构加强合作，增强栏目的智库资源与生产能力，推出更专业、更有深度的内容。

在传播层面，“羊毛财经”将通过与更多的互联网企业达成合作意向，丰富信息传播手段。同时，充分利用羊城晚报报业集团移动端、PC端，统筹利用门户网站、自媒体的多种渠道，整合推广，扩大栏目的影响力。

在技术层面，目前“羊毛财经”的内容生产周期较长，一周一次的更新显然不能满足新闻资讯的实效性要求。“羊毛财经”计划引进更加专业的人才，充分利用现有的专业影棚和其他设备，不断地提升视觉效果，用更生动、更直观的方式吸引观众，提高栏目品牌知名度。

大洋网“广州记忆”

栏目简介：“广州记忆”是大洋网在正视自身媒体定位后策划的高质量品牌栏目。该栏目立足本地传统文化根基，透析城市文化价值，内容涵盖广州本地的文化、风景、美食等，对于实现内容优化、凸显品牌效应、塑造本地主流媒体形象具有重要意义。

栏目定位：立足本地文化元素，做有温度的品牌栏目。

栏目理念：通过这一栏目展现深藏在广州街坊们记忆深处的独特景象，以此见证广州这座城市的传承与创新。

栏目特色：城市的点滴历史记忆，承载着浓郁的地方特色和情结。

栏目构成：“广州味道”“广州记忆”。

栏目网址：http://news.dayoo.com/guangzhou/151115.shtml。

大洋网“广州记忆”栏目首页

共筑广州市民的“精神家园”

——对大洋网“广州记忆”的评析

大洋网从正视自身媒体定位出发，立足本地传统文化根基，策划了“广州记忆”这一品牌栏目，努力探索适合自身的媒体融合发展路径。“广州记忆”通过强烈的品牌意识与媒体融合创新，在广州网民的记忆中逐渐清晰起来，日益成为广州市民的“精神家园”。

“广州记忆”栏目把推送时间固定在每周六中午 12 时，这种坚持在同一时间推出文章的做法，让网友在不知不觉中形成了一种习惯，也增强了网友的黏合度，为栏目的品牌化做好了铺垫。截至 2018 年 5 月，大洋网已经推出了 52 期“广州记忆”系列原创稿件，分别围绕习俗、节日、街道、建筑、美食等主题对广州的记忆进行了详细解读。“广州记忆”成功的背后有着大洋网对新闻网站品牌栏目打造的丰厚经验。

2017 年 7 月 1 日，人民网在内蒙古自治区呼和浩特市举办第二届党报网站高峰论坛，大洋网选送的“广州记忆”栏目获 2017 年全国党报网站媒体融合理论研究与实践“优秀案例奖”二等奖。2017 年度中国城市网盟奖揭晓，广州日报大洋网策划制作的“广州记忆”栏目荣获品牌栏目精品奖。

一、立足本土特色，生产优质内容

好的内容能够迅速地吸引读者，引发关注。“广州记忆”的内容以黄天骥老师曾开设于《广州日报》的“生猛广州·淡定广州”栏目为蓝本，对专栏文章中的“广州记忆”进行了深入挖掘与精心呈现。通过摘录经典原文、搜寻珍贵旧影、摄制原创视频和绘制原创配图的方式，创作团队带领用户重温了黄老师笔下的城垣、习俗，还原了记忆中的广州味。

在内容创作上，“广州记忆”有着自己的团队来对栏目进行专业打造，人员配备中的编辑、策划、美编、摄影、摄像等要素一应俱全，给内容的良好生产提供了有力的保障。每一期的选题也都是从身边事出发，与受众之间具有高度的贴合性，能引起大家的共鸣。在立足本地特色之外，“广州记忆”还开拓了专为记录当地美食的“广州味道”（图1），为品牌栏目建设不断地注入新鲜内容。俗话说“食在广州”，以美食来体现广州文化中最有生命力的部分当之无愧。“广州味道”也重新挖掘了隐藏在广州饮食文化里的诸如“敢为天下先”“开放”“务实”等优秀特质。创作团队把握受众需求，尊重用户真实体验，集思广益，大胆突破，把纸媒上的优质内容进行了二次加工，满足了受众的现实需求。

一个栏目能否真正成为品牌，关键点在于内涵，在于不断地打磨锻造，不断地丰富和完善。“广州记忆”的选题注重对广州当地文化元素的深入挖掘，并随着时代发展不断补充新鲜血液。它从生活细节入手，采取以小见大、见微知著的方式，深入探究了“记忆”的文化内涵，从而唤醒网友们心中对本土文化的自豪感，也由此进一步扩大了“广州记忆”栏目的影响力。

图1 “广州味道”版块

二、创新表现方式，让记忆更接地气

“创新”是一个老生常谈的话题，如果真正做到了创新，就会让旧事物重新迸发出新的活力。在“广州记忆”栏目上，大洋网从新闻运作模式、生产方式、操作手法上进行了根本创新，从产品内容、表现形式、生产流程上进行了系统变革，让网友在旧闻中找到了新读的乐趣，也让网友能够更加乐于接受和分享。

作为报纸内容的互联网呈现，“广州记忆”打破了原本传统媒体依靠文字来说话的习惯，在插入了众多实地拍摄的图片之外，通过原创插画和原创手绘，进一步地丰富了栏目的创作内容（图 2）。在新媒体平

图 2　“广州记忆”原创手绘图与 H5 呈现方式

台上，“广州记忆”更多地采用了“文字+图片+微视频+H5”等更符合移动互联网用户阅读习惯的“可视化”方式，让纸媒上深受欢迎的精品内容在新媒体平台上再次与用户实现连接，这种做法既使媒体形态得到了互补，又使彼此相得益彰。而对于一些比较先进的“VR”技术等，“广州记忆”也考虑在今后的栏目中进行应用，更多地创新表现形式。此外，“广州记忆”的每期内容都会针对重要时间节点进行多平台的即时同步输出，扩大传播力、影响力。

三、注重时效性和服务性，让记忆更具鲜活和温度

新闻之所以“新”是因为它有时效性，所以“时效性”是衡量新闻的一个重要性标尺，同时也是新闻的生命力所在。大洋网的经验表明，把时效性与品牌栏目的制作过程相融合，往往能事半功倍。例如，每当岁末将至，广州的街头巷尾年味渐现，各式各样的贺年食品陆续上架，挥春、贴画等贺年精品琳琅满目。全家大扫除、吃年夜饭、逛花市、送祝福、派利是，这些都是市民们辞旧迎新的头等大事。广州市民用近半个月的时间营造春节祥和的气氛，若在此时间节点推出以“广州春节”为主题的原创稿件，就能最大化地引起网友的共鸣，取得显著的社会效果。

在介绍性文章里加入服务性、实用性报道，是“广州记忆”取得成功的主要原因之一。例如以“早茶”为主题的稿件，就从“粤式茶点数量之多，已经达到了数千品种。不管是初来乍到的朋友还是本地街坊，说起‘饮早茶’一定都深有体会”为出发点，加入了诸如“广州茶楼遍地开花，每家各有什么特色？性价比如何？体验感如何？”“令

人念念不忘的必点早茶‘四大天王’又各是指哪些?”等服务类体验内容。该栏目在采写“广州早茶”这一饮食文化文章中，把最真实的感受传递给网友，让文化元素具体可感，让网友身临其中，备享乐趣。

四、多媒体多渠道推广，加强网友互动体验

在渠道推广方式上，大洋网充分发挥了多媒体的优势，从“一对多”转变为“多对多”发布，形成了多媒体的传播矩阵，让传统媒体与新兴媒体进行了优势互补。

在网站 PC 端，“广州记忆”专题设置在大洋网首页突出位置。大洋网则推出了“广州记忆”的专栏稿件。此外，“广州记忆”在微博上推送鲜活快捷、吸引力强的原创稿件，也扩大了粉丝受众面，在传播速度中抢占先机。由此一来，在传统媒体与新兴媒体的优势互补下，该栏目的原创稿件一经推出，不仅赢得了老一辈市民的认同感，更让年轻一代开始主动关注身边的文化元素。

除此之外，为加强与网友的互动，“广州记忆”还举办了“邀你来参与广州味道”的线下活动，通过让网友参与到稿件制作过程中的方式，来提高网友的关注度和支持率。

五、以“质”进行栏目考核，坚持正确的舆论导向

“广州记忆”团队目前的运营资金主要来源于网站的投入和政府的扶持，虽然可以通过“拉广告”来提升收入，但是对栏目以及内容打造的匠心让他们拒绝了这一商业模式。为了激励团队成员制作出更优质

的内容，“广州记忆”栏目在人才方面更侧重内容质量的考核。据了解，“广州记忆”团队中生产出来的优质内容，相比而言会比大洋网普通网页编辑生产的优质内容获得更多的绩效奖金。团队在内容制作过程中所产生的费用也是做到“实报实销”，这也是为了鼓励该团队的创作人员在内容生产中最大程度地进行投入，以确保达到最好的制作效果。此外，在团队建设方面，一般的栏目都是由小组组长带头，而“广州记忆”团队的带领则是由部门副总监直接执行，这种工作机制上的差异无疑体现出大洋网对“广州记忆”栏目的高度关注。

在内容审核上，前期选题确定后，栏目负责人会对选题做出判断。内容做好后还会经历三审环节，部门的值班总监和值班编委以及广州日报社的审读和编委等，确保内容导向正确。

结　　语

大洋网的“广州记忆”立足于本土文化特色，注重对本地文化元素的挖掘采集，在讲好广州故事，弘扬广州文化的同时，对于凝聚城市共同体有着重要承载作用。今后栏目的目标是继续把内容做扎实，让栏目的社会价值变得更高，同时找到适合自己的运营模式。

“广州记忆”目前的选题集中在节日、街道、美食等题材上，“广州记忆”的创作团队也表示今后的创作会在紧扣“广州味”的同时，更加贴近生活热点，吸收更多年轻粉丝的关注，从生活中的细微之处挖掘更多“老广”题材。广州作为一座有着浓厚文化底蕴的城市，20世纪80年代、90年代的流行音乐与电影等文化产品在当时国内都可算是首屈一指，这些都是我们宝贵的“广州记忆”，例如广东传统戏曲之一的粤剧如今已被联合国教科文组织列入世界非物质文化遗产名录，也同样值得我们去更好地进行传播与传承。“广州记忆”也及时采编了粤剧主题的稿件，在美食、建筑与街道之外，把新时代下广州诸多创新文化与前沿文化好好地“记忆”。“广州记忆”的目标，是建设一个存储城市各种文化历史记忆的大型数字博物馆。

大洋网“我爱广州”

栏目简介：“我爱广州”栏目以传播广府文化为主要内容，网罗最精彩的广州资讯，把触角伸进社群的每一个角落，去感知广州这座城市的冷暖，传递街坊老友的声音。

栏目定位：最有情怀的广州本土品牌栏目。

栏目理念：传播广府文化。

栏目特色：本土资讯整合，广府文化推广。

栏目构成：“头条@广州”“潮爆@广州”“玩转@广州”“粤读@广州”“印象@广州”“论尽@广州”“食在@广州”“同城@活动”“老友@拍档”等栏目。

栏目网址：http://news.dayoo.com/guangzhou/index.shtml。

头条@广州

大洋网“我爱广州”栏目首页

呈现广州精彩，传递广府情怀

——对大洋网“我爱广州”的评析

“我爱广州”以传播广府文化为主要目的，是讲好广州故事、传递广州声音的本土品牌。在内容上，栏目主体以广州为基点，网罗并整合涵盖新闻、餐饮、住行等各色广州本土资讯内容，为市民与游客提供一个了解与认识广州的窗口。在传播上摒弃了刻板的新闻格式，紧跟互联网潮流，以互联网思维生产内容，注重移动端的传播，采用图文、视频结合等符合现代人阅读习惯的多媒体传播形式，网聚广州正能量，推出系列与广州城市形象相匹配的文化产品，组织开展线上线下文化活动，促使更多的年轻人参与到广府文化的推广中去，享受广府文化带来的快乐。

一、立足本土，传播广府文化

广府文化是广府民系的文化，它在岭南文化中个性鲜明、影响最大，具有突出地位，常被作为粤文化的代称。而广州，作为广府文化的发祥地，有着重要的历史地位。“我爱广州”栏目立足广州本土，以广州本土生活为载体，利用互联网与新媒体，创新广府文化传播形式，具有巨大的文化传承意义。

网站在栏目页面设计上匠心十足，每个细小元素都在凸显广州特色。栏目头图是数十种广州方言文字组成的背景墙，主图选用了广州塔、五羊雕塑、镇海楼、中信大厦、广东省博物馆等广州标志性建筑图片，配以市花木棉、青花瓷等作为装饰，构成圆形转动的动态图片，盖上刻有“I♥GZ”的红色印章，频道中各个栏目标题均采用水墨风格设计，具有岭南特色的古典优雅，兼具新潮有趣。

在内容呈现上，“我爱广州”立足本土，实时播报广州新鲜事，坚持内容原创、多元呈现的原则，开拓了一大批极具广州特色的栏目，如“头条@广州”“潮爆@广州”“玩转@广州”“粤读@广州”“印象@广州”“论尽@广州”“食在@广州”“同城@活动”“老友@拍档”等。这些子栏目涵盖着广州的各个方面，网罗广州吃喝玩乐资讯，应有尽有。如“头条@广州”实时推送的“广州全国首晒行政执法数据”等广州本地新闻资讯；“潮爆@广州”推送广州生活最新消息、广州本地好人好事等；“食在@广州”整理广州特色美食攻略、各个节气的食补菜单等。网站中的资讯能够为广州市民的生活提供一份便利的生活秘诀，凝聚幸福感与归属感，为游客提供一个了解广州、广府文化的渠道。该栏目在“广东省第四届网络文化精品推广”活动中获得“岭南特色栏目奖”。

二、升级产品，深化新媒体建设

当下网络发达，信息传播便捷有效，但随着多种新媒体平台的强势崛起与多种形式的网络活动积极开展，常规的网站栏目建设已不能满足网友的需求，缺乏吸引力，这种现状对栏目创新提出了更高的要求。

“我爱广州”栏目对此进行了传统与创新的融合，对自身产品进行了产品升级——在做好常规特色栏目的基础上，陆续推出了一系列以新媒体平台为主要传播渠道的融媒体产品，以新视角、新手段、新方法解读广州传统文化。例如打造广州“一区一名片”活动（图 1），大洋网将广州 11 个区在经济、文化、教育、科技、医疗等方面取得的发展成果利用 11 份“简历”展现出来，并打造专题进行传播。该“名片”活动推出后，越秀、荔湾与海珠三区“名片”累积浏览量高达 500 万页面浏览量，深受网友好评。随后栏目又推出“广州好”系列名片和广州各职能部门名片，如“文明广州”“教育广州”“医疗广州”“广州交警”“广州旅游”等。该活动不再单单以广州的整体视角展现广州的文明发展，而是转换视角，从细分切入，通过呈现广州 11 个区的不同新风貌，聚合展现广州力量。整体观感富有层次，相同中具有不同魅力，差别中又具有相同气质，展现出不一样的魅力。

图 1　广州“一区一名片”活动首页

同时，栏目不断贴近年轻人生活视角。如大洋网洞悉年轻人对生活质量的追求与信息获取习惯后，以此推出了“装·生活”特色专栏，通过实拍实采结合亲身体验的模式为都市年轻人打造生活蓝本，传授高质量都市生活经验；从普通人视角出发，利用 H5 形式推出“小明在广州的美好生活”专题（图 2），为大学毕业生提供一份覆盖创业、休闲、餐饮、入户、医疗、教育、出行等多方面的广州工作生活指南。这些定位贴近年轻人的栏目产品，能够更好地提高与增强年轻人对广州的热情与热爱，了解广州文化风貌，从而更好地参与到广州文化的推广中去。

图 2　“小明在广州的美好生活”专题宣传图

三、活动多样，线上线下互通

丰富有趣的文化活动能够调动人们参与共享的积极性，在文化推广中有着重要意义。“我爱广州”栏目与网友积极互动，线上不断开展了与广州文化相关的图片、故事等主题征集系列活动；线下组织网友走访陈家祠、西汉南越王博物馆等具有岭南文化特色的建筑与景点，寻访鲜为人知的广府历史文化故事，同时在宣传推广中联动大洋网 PC 端、广汇报客户端、微博、微信等新媒体矩阵平台进行全方位推广，并通过与各商家合作进行抽奖送礼，如赠送好书、门票等文化产品，提高网友对活动的关注与支持，吸引更多的网友进行参与。例如“快来报名，本周日听羊城最年轻讲古佬‘盏鬼’岭南文化”与“博物馆奇妙日！周末到西汉南越王博物馆看机器人讲解文物”两项活动（图3），二者在活动开展中将故事与文化结合、科技与传统结合，从亲子家庭出发，推动岭南文化、广府文化在家庭生活中的传播。

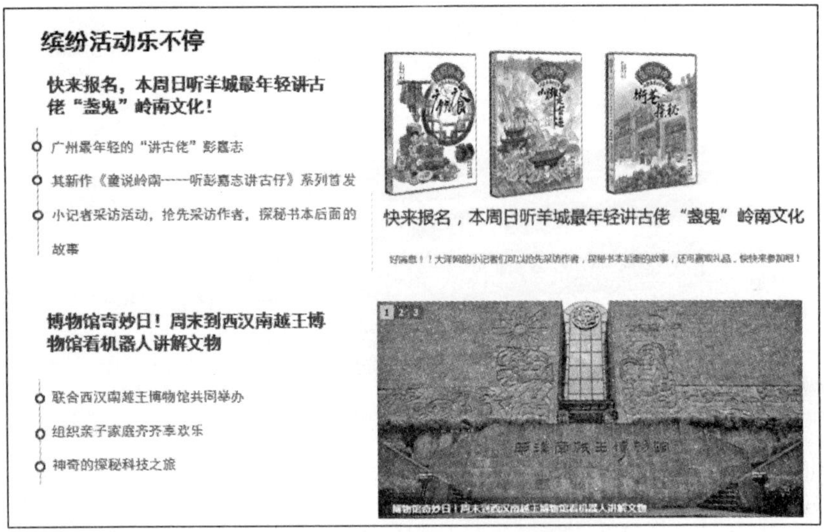

图3 “我爱广州”线下活动通知

结　　语

“我爱广州”作为一个推广广府文化的品牌栏目，有着完整的传递广州本土特色的架构体系与品牌建构，但栏目内容呈现以广州现代生活为主，如更新新闻资讯，提供广州生活便利秘籍等，整体栏目建设更偏向于资讯网站，对广府文化的内容展现占比较低，文化特色不够突出，内容挖掘力度仍然不深。栏目应抓住广府文化特色之处，立体展现广州的独特魅力，例如可以增添广州对于广府文化“民俗”的本土传承的展现栏目，创新利用移动端等年轻人青睐的多种新媒体形式，推广具有特色的广府“民俗”，同时联合组织线下活动，增强年轻人对广府文化的认识与了解，推动失落的民俗在年轻人中发扬光大。栏目除美食以外，对美术工艺、戏曲音乐、文化节庆等特色文化内容也可进行拓展，开展各色体验活动，如婚嫁形式体验、手工体验、戏曲体验、节庆体验等活动，增进市民游客对广府文化的体验与了解，从而更好地推广出去。在页面设计上，子栏目仍须手动滑动才能浏览查找，用户体验不佳，应进行整合，统一在页面头图附近位置进行展示，方便用户对网站进行整体认知。

此外，“我爱广州”可以更突显主题定位，以集中连贯的方式为受众呈现更加清晰明确的主题内容，并在贴近受众的同时寻找情感共鸣的触点，以此增强受众的黏性。同时，进一步深化移动端的新媒体产品开发，利用文字、图片、视频、音频、H5 等多媒介组合塑造独具特色的具有立体感观的精品栏目。

深圳新闻网“星期三查餐厅”

栏目简介：“星期三查餐厅”是深圳新闻网与深圳市食品药品监督管理局于2017年3月联合推出的一个具有广泛影响力和实际效果的品牌栏目。该栏目充分利用传统媒体+政府部门的权威性，将此合作机制作为保持核心竞争力的一个强有力的手段。栏目不仅体现出了较强的互联网思维，还具备群众的高参与度和良好互动，实现了平台化、多渠道传播，为城市食品安全治理工作探索出了一条好路子。

栏目定位：全力打造“透明执法”新模式，为深圳创建国家食品安全示范城市助力。

栏目理念：食品安全，共建共治共享。

栏目特色：透明执法、群众参与。

栏目构成：“直击”“特辑”“回访”等栏目。

栏目网址：http://www.sznews.com/zhuanti/node_238162.html。

摘要

为进一步打造透明食药监，群策群智解决食品安全问题，深圳市食品药品监督管理局举办星期三"查"餐厅行动，行动将持续40周，走进深圳10区，每周三都对深圳的大中小餐饮店的后厨、学校食堂等进行突击检查。行动将联合各辖区食药局，邀请人大代表、媒体共同参与监督行动。

第四轮行动——专题行动

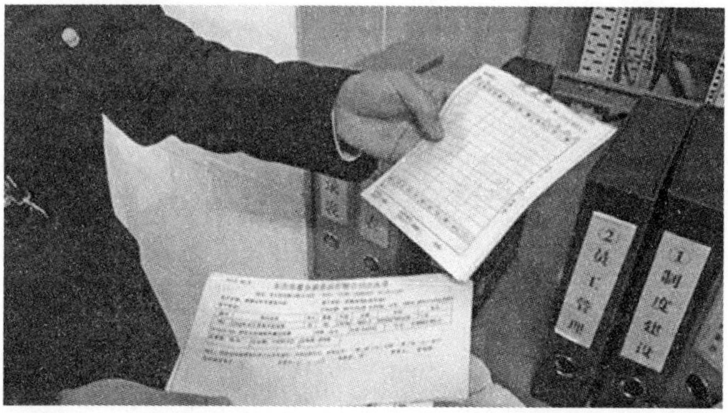

深圳新闻网"星期三查餐厅"栏目首页

打造食品安全治理的“透明执法”新模式

——对深圳新闻网“星期三查餐厅”的评析

习近平总书记在十九大报告中强调，要加大食品安全执法力度，为健康中国保驾护航。“国以民为本，民以食为天，食以安为先，安以质为本，质以诚为根。”这足以说明食品安全关乎健康中国的发展。

2014 年以来，深圳新闻网不断开拓创新、集中力量、聚焦重点、突出亮点，落实“走转改”精神，做好“一网一品牌”栏目的建设。深圳新闻网利用传统媒体 + 政府部门的权威性，在新媒体时代将两者合作机制发挥到极致，并且将此合作机制作为保持核心竞争力的一个强有力的手段。深圳新闻网“星期三查餐厅”栏目特点非常显著，不仅体现出了较强的互联网思维，还具备群众的高参与度和良好的互动性，实现了平台化、多渠道的传播，真正做到了“全流程”“全直播”“全民参与”“全平台”“全反馈”，值得肯定。

一、“星期三查餐厅”栏目的特色

（一）提倡透明执法

2017 年 3 月 15 日，深圳新闻网联合深圳市食品药品监督管理局组织的“星期三查餐厅”栏目正式启动。作为一个提倡透明执法的创新型栏目，自推出以来，“星期三查餐厅”就采用“视频 + 图文”的形式进行全程直播，为广大市民呈现透明化的执法行动。该栏目在本地最大的新闻门户网站（深圳新闻网）、微博平台、APP 等同步推出，一经推出就引发强烈的社会反响，第一期便有 20 万网友在线见证了这次直播。这种“贴身式”报道执法的“新鲜”方式将整个执法过程真实呈现，收获了网友的广泛好评。

1. 栏目开展情况

“星期三查餐厅”深入深圳 10 个区 40 个街道。截至 2018 年 5 月，直播行动共推出 59 期（包含机场特辑及国庆特辑），每期直播的平均点击量超过 30 万次，共检查 109 家餐饮单位。不打码、不中断，执法人员怎么查餐厅，网民全过程看得见。

2. 栏目团队

深圳新闻网对“一网一品牌”工作投入了极大热情，网站成立了栏目工作小组，采编、新媒体等部门全力参与。按照不断优化传统品牌、不断推出新亮点的指导思想，积极努力探索创新之道，取得了一些成绩和效果，提升了网站采编队伍的工作能力及品牌意识。“星期三查餐厅”栏目团队由 14 人构成，包括 1 名栏目策划、1 名栏目制片、2 名主持人、2 名后台编辑、1 名全景摄像、1 名现场摄影、2 名视频采编、2 名图文记者和 2 名专题编辑。

3. 栏目流程

栏目前期开展海报预告和网络调查环节，根据网友的网络投票，由人大代表、政协委员和网友代表现场选取，将行动的“指挥棒”交给广大市民，持续在每周三突击检查深圳全市各类型餐饮单位后厨（图 1）。栏目进行执法行动的全程直播，代表网友监督执法，专业摄影师进行 720 度全景后厨的拍摄。行动后期还特设“回头查”环节，媒体将根据检查情况不定时进行回头查，针对行动中须整改的餐厅，将进行定期回访，直至整改完全落实。如此一来，“问题餐厅”将不得不放弃查完万事大吉的侥幸思想，老老实实地去解决问题。栏目的短视频回放功能，让错过直播的市民，也能从回放中清楚了解现场情况。

图 1 “星期三查餐厅”栏目检查餐厅后厨视频

（二）增强线下互动　加强食品安全教育

“星期三查餐厅”栏目设计部分包括三大模块：“食安一起行”粉丝群、食品安全培训和星期三查餐厅教学视频等，形成主动自查＋组织培训＋建设食品行业自查机制的流水线。

“食安一起行”粉丝群目前共有246人。粉丝群的活动不仅包含网友问答、温馨提示等线上环节，还组织开展了线下的食品安全大讲堂。在2017年9月2日，食品安全培训讲座（图2）在光明新区光明中学成功举行，参与讲座的学员是来自30多家学校食堂的负责人。

图2　食品安全培训讲座现场

“星期三查餐厅”栏目将监督、执法与直播相结合，秉持“随机检查，直达真相；发现问题，现场降级；现场检测，保障源头；直面矛盾，解决问题”的宗旨，凭借网络调查、现场直播、多方监督、“回头查”等多种创新做法，全面推进透明执法的实施，树立监管部门的执法公信力，开创了食品安全执法的新模式，进一步提升了市民对深圳食品安全监管工作的满意度。该栏目荣获了“2017年全国城市网盟精品栏目奖”“第五届广东省网络精品文化推广活动精品栏目奖”等奖项。

二、“星期三查餐厅”栏目取得的成效

“星期三查餐厅”栏目在每期行动前都会通过深圳新闻网发布民意调查《你点哪家我们就查哪家》，每期调查参与人数均超3000人，累计参与人数超12万人；每期点击量均超30万次，总点击量已超1500万次。

根据调查，随着“星期三查餐厅”的持续开展，市民对“创建”工作的知晓度在不断提高。最新一期数据显示，栏目知晓度已经从最初的66%提升到88.96%。市民对目前食品安全监管的满意度，也从行动初的77.88%提升至89.51%。同时，市民还针对餐饮单位的监管积极提出了自己的建议。比如，在检查对象上，多位市民投票想检查中小型餐馆、街边小吃夜市、网络订餐平台商家、商超食品。另外提出最多的建议是加大监管惩治力度、从源头抓食品安全、设立微信举报平台等。深圳市食品药品监督管理局也通过整理收集相关意见建议，不断完善改进深圳食品安全监管工作。

“星期三查餐厅”栏目受到广东省食品药品监督管理局及国家食品药品监督管理总局肯定，广东省食品药品监督管理局两次组织多个地市局前来学习观摩。国家食品药品监督管理总局新闻宣传司稽查专员李海锋评价：“星期三查餐厅融合媒体优势，多元立体展现执法力度，有品牌、有影响力，在全国食品药品监管系统中具有典型示范作用。”

该栏目获得深圳人大代表的好评（图3）。罗湖区人大代表秦玉霞评价：“食品安全跟我们息息相关，星期三查餐厅行动公平公正公开，让市民看到后厨最真实的情况。”福田区人大代表刘霞表示，星期三查

餐厅起到了很好的宣传作用和警示作用，30 期以来整体餐饮行业水平都有所提升。坪山区副区长陈华平谈道，星期三查餐厅行动很有必要，这样突击检查现场直播让商家更加重视食品安全，也让市民对政府的监管增加信心。南山区人大代表耿静芝表示，每周三坚持查餐厅的这项行动非常好，也可以看到执法人员非常认真，同时还有对原材料的检测，检查全面，对餐饮行业提升有很大促进作用。

栏目也深受广大网民的好评。网民们纷纷表示："让我们投票然后查餐厅，这样的行动我觉得是市民想要的。""支持这个栏目，希望这项行动可以一直坚持，一直监管。""贵在坚持，希望像这样公开透明的执法行动能持之以恒，长期查下去！"

在餐饮企业看来，星期三查餐厅行动让餐饮企业有了压力，但也更有动力去做好食品安全工作。引入网络直播等手段强化了社会监督，卫生管理、食品安全做得好的餐厅才会受到社会公众的认可和支持，如果做得差，问题将会被曝光，这促使餐饮企业更有动力去完善自身的经营管理，进一步把控好食品安全。

图3　部分采访截图

（从左到右分别是：罗湖区人大代表秦玉霞；福田区人大代表刘霞；餐饮品牌"探鱼"深圳营运经理张戈；网友江先生）

三、“星期三查餐厅”栏目面临的问题

“星期三查餐厅”尽管取得了不少成绩，但在实践运营中也遇到了不少问题：

1. “星期三查餐厅”行动从开创到现在，一直专注于报道网民的爆料及执行查餐厅活动，在栏目包装及运营推广上发力不够，缺乏创意性策划。

2. “星期三查餐厅”栏目的启动，离不开与深圳市食品药品监督管理局的密切合作以及深圳市创建国家食品安全示范城市的契机。然而目前的问题是“星期三查餐厅”栏目对监管部门的依赖度太大，需要执法部门的大力配合。如果执法行动不再继续配合，那栏目也将无法进行。这也是“星期三查餐厅”栏目目前面临的最大瓶颈。

3. “星期三查餐厅”栏目目前在行业内具有非常大的影响力，同时起到了很好的行业自律推动作用。但从栏目的持续性、长久性发展来看，现在已有的影响力远远不够。目前栏目的传播和推广，仅在深圳新闻网、深圳发布厅（深圳官方微博微信号）平台发布，缺乏在新媒体平台上推广的联动效应。

4. 执法人员的执法能力参差不齐，从业人员的职业知识水平不高，市民对“食品安全”及《食品安全法》的了解不够。这些专业性问题，也会影响到栏目的传播及推广。

5. “星期三查餐厅”延伸产品的开发缺乏，与市场的对接还不够。

6. “星期三查餐厅”的持续关注度一直是栏目发展的重点问题之一。如何让栏目的热度持续，让餐厅持续对栏目保持关注，须通过栏目

不断创新策划升级、加强执法处罚及时性、提升食品安全意识等多种方式解决。

四、“星期三查餐厅”栏目的未来

针对以上这些问题，在外部环境难以改变的情况下，必须自力更生，锤炼自己的内生能力，不断生成自己的造血输血系统。

1. 栏目将加强对栏目的包装及推广，与深圳各区网站、各区微信公众号联合，在一些有影响力的新媒体上加大发布推广。

2. 加强“星期三查餐厅”排行榜的推广，提高排行榜的参与频次，加强权威影响力，从而带动“星期三查餐厅”栏目的影响力，让更多市民以此栏目作为餐饮优先选择的依据。

3. 加强开发延伸产品，如食品安全投诉平台打造、“百万市民看后厨”等系列活动推出，全面推进阳光厨房的良好氛围，让更多的商家、市民主动参与到“查餐厅”的行动中来，而投诉平台的倾力打造，能为“星期三查餐厅”栏目提供更多猛料线索，让更多的行业潜规则遭到曝光。

4. 星期三查餐厅形式及环节在不断地创新与开拓，今年全新推出了“食安 week（微课）”环节，以科普餐饮行业食品安全知识为主，加强栏目的普法性，从而提高市民对食品安全的正确认识，提升从业人员的专业知识水平。

结　语

“星期三查餐厅”栏目特点非常显著，不仅有较强的互联网思维，还有群众的高参与度和良好互动，给城市的餐饮品牌和食品安全带来非常重要的监督作用。然而，栏目本身还存在一些不容忽视的问题和难点，如栏目所查餐厅的知名度是否影响栏目的传播效果，知名餐厅的资源一旦接近枯竭，突查普通餐厅是否有一定的收视效果？如何采取创新措施持续提升并维持栏目的知名度和美誉度？如何正确处理好媒体的舆论监督与餐厅行业舆论环境的冲突？这些问题都是需要栏目团队去考虑的。

深圳新闻网“民生二维码”

栏目简介：为贯彻落实中央、省、市关于“马上就办、真抓实干、办就办好、滴水穿石”精神的系列要求，深圳市委网信办、深圳报业集团、深圳新闻网结合深圳基层部门在服务民生工作中转变工作作风活动，本着“民生无小事”的工作理念，整合自身资源，创新传播方式，结合“走转改”相关精神要求，联合推出一档集网络互动、媒体监督、市民参与、部门答政于一体的互动答政网络访谈栏目——“民生二维码”。该栏目开播后，成为深圳政民沟通的新平台，获得深圳市民、网友以及各级民生部门领导的一致肯定。

栏目定位：真抓实干、为民办事。

栏目理念：创新为核心、实践创平台、基层找主题、服务为民生。

栏目特色：“互联网 + 民生服务”。

栏目构成：“马上就办·谈民生”“聚焦·城市管理治理年”“解读·深圳话题”等栏目。

栏目网址：http://news. sznews. com/node_232172. htm。

深圳新闻网“民生二维码”栏目首页

架设沟通桥梁，让辅政亲民之路越走越宽

——对深圳新闻网“民生二维码”的评析

邀百姓点菜、由政府下单、用网络互动、请大家点赞。2015 年 10 月，深圳市委网信办、深圳报业集团、深圳新闻网扎实落实中央、省、市关于“马上就办、真抓实干、办就办好、滴水穿石”精神的系列要求，结合深圳基层部门在服务民生工作中转变工作作风活动，本着“民生无小事”的工作理念，整合自身资源，创新传播方式，结合“走转改”相关精神，精心策划、开办了深圳网络互动答政平台——“民生二维码”栏目，并同期开播了“马上就办·谈民生”“聚焦·城市管理治理年”“解读·深圳话题”三大系列访谈。

作为深圳市委网信办 2015 年的重点项目、深圳报业集团总编辑项目，深圳新闻网在“民生二维码”项目的平台建设工作上，将移动互联网特点、优势与基层民生服务工作相结合，栏目以“互联网 + 民生服务”作为工作目标，将“互联网 + 政务”“互联网 + 服务”的创新新闻宣传工作理念融入基层民生实际工作当中，通过理念创新、手段创新实现基层工作创新，做到了“以创新为核心、实践创平台、基层找主题、服务为民生”的栏目理念。

深圳新闻网专门抽调新闻、互动、区网优秀工作人员组成栏目组以保证栏目平稳运行、内容安全可控。该栏目自运营以来，在创造业绩的同时也积累了一定的品牌创建经验。

一、扎根工程打基础，创新思维塑品牌

自2007年起，深圳新闻网按照深圳市委要求扎实推进基层网络建设“扎根工程”，实现了深圳区级网站（10+1）全覆盖。在此基础上，按照省、市“一网一品牌”创造工作思路，分别在各区网站建设了“书记信箱”“民生盐田”“红树会客厅”“对话坪山”等基层网络答政、舆情采集（处置）平台。

“民生二维码”栏目在名称上以大家广泛熟悉的“二维码”突出互联网特性；在栏目的平台上，实现政府部门与市民、网友无障碍沟通、良性互动、互相取经、相互服务的二维理念。栏目内容从活动中汲取精华，从小事入手，运用网络化语言及风格，生产适宜于在微信、微博、论坛、贴吧等新传播平台上转发、转载、分享的移动端“微产品”，塑造栏目的影响力与传播力。此外，在“民生二维码”栏目建设过程中，深圳新闻网还将旗下原有品牌栏目“我说深圳事”“直播车行动”“鹏城眼”的优势资源及特点进行整合，以深圳新闻网、各区网站集群、“民生二维码”系列访谈为主要展示、互动、宣传平台，以“我说深圳事”“直播车行动”为主要采集、发酵平台，以各区网络答政平台为主要处置、答复平台的“三位一体”线上综合型网络互动宣传、答政平台。

其中，“马上就办·谈民生”系列访谈活动邀请了深圳十区（新区）

区长走进栏目，在各区民生工作现场与网友面对面谈执行、谈落实，将目光聚焦在民生工作中的小事、实事上，问题客观、真实、接地气，栏目以一种拳拳到肉、句句入心的方式直面民生问题、直面访谈主题，将服务基层民生工作中的具体举措展示给广大市民和网友。“聚焦·城市管理治理年”系列访谈活动则邀请深圳市政府各职能局一把手走进直播间，就2016年深圳市的住房、教育、交通、城市管理治理等民生话题展开讨论与解读。“解读·深圳话题”系列访谈活动则注重选题的话题性，主要集中在深圳市某一阶段市民、网友关注度较高的话题上，如地铁建设带来的扰民、安全等问题，人才引进配套举措等问题。

二、网媒搭台办实事，互动交流解民忧

“民生二维码”栏目组先后走进福田、罗湖、盐田、南山、宝安等深圳十区，并根据省市重点工作和市民网友关注的热点问题，走进深圳市规划和国土资源委员会、住建局、城管局、地铁集团等部门，做客栏目的百余位访谈嘉宾纷纷从各自负责的领域中的服务民生“微项目”入手，以身边事、身边人、身边情作为出发点，借力民声，以小见大，以点带面地展示深圳在服务民生工作中取得的突出成绩。

截至2018年5月，栏目收集各区、各类有效民生问题近4000余件，解决深圳市民、网友提出的民生问题2100余件，事件解决率达到51%。栏目近4年举办现场大型互动访谈活动150余期；参与活动的访谈、互动嘉宾达230余人；现场参与活动的网友达到8000余人；深圳新闻网网络专题及相关新闻全年点击阅读量超过1500余万次。该栏目将继续围绕宣传贯彻落实十九大精神要求，围绕深圳市委、市政府各项

重点工作，深化“城市品质提升年”系列工作要求，再次走进深圳十区及前海（蛇口）自贸区，就市民及网友关心、关注的热点民生话题进行解读。

对比深圳新闻网全年数据，该栏目的互动热度、网帖及新闻的跟帖评论数和点击数明显高居年度热帖前列，堪称网友高度关注的议题。栏目开播后，成为深圳市民、网友反映民生诉求，对话民生工作，解决民生问题的新平台，获得深圳市民、网友以及各级民生部门领导的一致肯定，纷纷为栏目点赞、助力。

三、基层工作创机制，滴水穿石润民生

“民生二维码”栏目以长期在基层工作的各区区长、各局局长和各街道书记为主要的访谈嘉宾。通过与主持人互动访谈、与网友面对面对话和网上互动提问（微信、论坛、微博）的形式，就各自领域民生工作中的亮点、热点、难点进行解读，以期得到市民、网友的理解、支持与参与。让基层工作单位和部门在日常工作中充分地了解民意，在工作中真正做到“急民所急、忧民所忧”，力争将政府工作的着力点找准，把力道掌握得恰如其分，把好事做好、做足。

该栏目以“‘百姓点菜’自家身边事，政府服务互动理民生”为选题策划的原则。过去做工作是政府“配菜”，现在转为老百姓“点菜”。对于深圳各区政府和各个部门而言，在日常工作中如何善用权力，如何服务民生，民生项目有没有落到实处，其最直接的反馈就是“百姓满不满意，社会点不点赞”。“民生二维码”栏目接地气、讲实话、聚人心、见实效。老百姓的诉求政府部门听得见，政府部门的工作老百姓看

得见。栏目能从微民生、微实事、微话题入手，从身边事、身边人入手，借力民声、服务民生、以小见大、以点带面，充分展示深圳在民生服务系列工作中取得的突出成绩。

“知屋漏者在宇下，知政失者在草野。”近年来，深圳新闻网在区级“网络答政”平台建设、“网络答政”工作向基层发展等工作上进行了全方位的探索和实践：

1. 区一级网络民意采集、回复、处置、宣传平台初具规模。

深圳新闻网积极推动“一网一品牌”建设工作，希望以品牌栏目为载体，积极推动“网络答政”走进基层的街道、社区，创新服务于基层民生工作。目前已在深圳的福田、南山、盐田、龙华、坪山等区建立了区一级的网络答政平台。

2. 注重基层工作创新，“盐田模式”的“互联网＋民生”初步形成。

在完善区级网络建设工作的同时，深圳新闻网与盐田区委、区政府相关部门积极合作，运用互联网技术将盐田区各个社区的“社区民意表达工作室”、社区挂点的“两代表一委员”群体、“盐田区社情民意采集系统”整合，创新推出了“民生盐田”网络互动交流平台（图1、2）。

该平台在盐田区推出后，辖区居民足不出户就可以反映自身利益诉求，除了在网上可以查看回复、处置进程及结果外，还可以到自己所在社区的“社区民意表达工作室”与挂点的“两代表一委员”面对面交流，直到事情解决、居民满意为止。同时，如果该诉求逾期未处理或者处理得不满意，“盐田区社情民意采集系统”“民生盐田”网络互动交流平台还会亮起红灯，驻区记者将会就此事件进行进一步的跟踪、采访、报道，以求推动事情的解决。同时，该事件也会纳入深圳新闻网舆

图1 “民生盐田”网络互动交流平台

下水道口坑洼被填平 网友诉求通过"民生盐田"获解决

发布时间：2016-04-13 来源：盐田网 编辑：陈琳君

深圳新闻网讯（记者 陈琳君）日前，有网友通过“民生盐田”平台反映称，位于香径南街与深盐路交界处的人行道附近坑洼不平，影响市容市貌，希望相关部门尽快进行路面修补。接到网友诉求后，东部交通运输局已于近期对该路面进行了填补。

盐田网

填补前后的路面

图2 网友诉求通过“民生盐田”获解决

情专报、信息专报，形成书面材料上报至书记、区长再进行解决或解答。

通过网络平台与社区工作室的配合，“民生盐田”逐步建设成为一个基层单位和居民群众、网友的互动平台，在网络上开辟了对盐田民生工作宣传的新窗口，进一步开拓辖区居民与领导了解基层工作，倾听民情民意的新渠道，让居民和网友对于政府民生工作的用心与投入有了真切的感受，获得了市民、网友的积极评价。

2017 年 11 月初，时任盐田区区长吴德林在盐田港后方陆域现场做客“民生二维码”栏目，将对盐田区近期反映比较集中的盐田港后方陆域噪声扰民、乱停车、脏乱差等情况与周边居民进行互动交流，这也是“民生二维码”栏目首次在基层就单一民生话题展开讨论。活动结束后，“民生二维码”栏目也将在盐田率先启动区一级的基层工作访谈，结合“民生盐田”平台再向基层工作延伸，将网络答政工作深入下沉推进到街道、社区。

结　语

一年来，“民生二维码”栏目在创新基层民生服务工作上做出了一些探索，也取得了一些成绩，这些成绩的取得也为栏目组新一年继续扎实推进该项工作注入了信心与能量。

2015 年度广东新闻奖；

2015 年度深圳新闻奖；

2016 年度中国城市网络联盟奖；

2016 年度广东省新闻战线“走基层、转作风、改文风”活动先进集体奖（图3）；

第十届深圳网络文化奖年度创新团队奖等。

图3 “民生二维码”获2016年度广东省新闻战线“走转改”先进集体奖

栏目不仅要实时关注网民反映的问题，还要采取积极有效的解决措施，并实施到位，这将耗费大量的人力、精力和经费。除此之外，栏目要想长期做好民生问题，必须得到民众和政府等相关部门的支持。

（一）“民生二维码”栏目存在的问题

1. 栏目形式受制于经费、人员投入等因素，只能维持现状，活动频率及创新能力不足；

2. 栏目中市民网友反映的一些具体问题，受制于各个基层部门的执行力，处理效率受到影响；

3. 各单位领导干部对栏目和活动的形式及效果的认知度不同，部分单位存在等、拖、看的问题，使得栏目无法定期举办；

4. 难以把控网络虚拟环境的不可控因素以及栏目如何才能做得长久的问题。

（二）对于“民生二维码”栏目的未来展望

今后，深圳新闻网将“民生二维码”栏目作为品牌栏目进行推动，栏目将围绕基层政府部门如何通过“宣传、贯彻、落实党的十九大精神，做好民生服务工作”这一主题展开。未来还将开发微信公众号提交诉求、查看具体问题的处置情况等技术后台功能；在深圳各个区建立民生诉求采集及处置平台，完善工作处置机制；整合资源，以“民生二维码”栏目为基础打造深圳网络互动答政统一平台。

奥一网“幸福书单”

栏目简介：“幸福书单”公益行动是奥一网从2013年开始推出的大型公益活动，旨在帮助贫困孩子多读书、读好书，给孩子们带去成长的知识，落实中央提出的精准扶贫政策。“幸福书单”根据学校和孩子的需要，通过搭建爱心平台，号召市民进行有效、长期、持续、有针对性的捐赠，让孩子们读上喜爱的书，补充学校急需的图书，打造学校里的“爱心图书室”，提升贫困孩子的幸福感，为创建和谐社会尽一份力。

栏目定位：培养和凝聚民间公益慈善力量，整合公益慈善组织、社会团体和爱心企业的资源，提供一个慈善爱心捐书平台。

栏目理念：探索精准书单，凝聚公益力量，整合社会资源，传递幸福书单。

栏目特色：服务偏远地区贫困儿童，落实精准扶贫，丰富精神文化生活。

栏目构成：“幸福资讯”“幸福行动”“幸福每周荐”“来信了！”“我要捐赠”等栏目。

栏目网址：http://www.happylist.org/。

奥一网"幸福书单"栏目首页

“精准扶贫”的新实践

——对奥一网“幸福书单”的评析

2013年，习近平总书记提出“实事求是、因地制宜、分类指导、精准扶贫”，针对不同贫困区域环境、不同贫困农户状况，科学有效地对扶贫对象实施精确识别、精确帮扶、精确管理。在这一指导原则的指挥下，奥一网“幸福书单”应运而生。偏远、贫困地区乡村小学因为条件所限，学校常年面临图书教育资源短缺、图书更新缓慢的情况，甚至是没有图书馆或者图书馆破旧不堪的现象。近年来，越来越多的爱心人士为这些学校伸出援助之手，但是缺乏前期的详细了解，所捐的书籍未必是学校所需的，捐赠数量也有限，且不能形成长期持续有效的捐赠，无法满足学校所需。为了帮助学校解决上述问题，奥一网联合广东省捐赠换书中心、爱心点对点公益基金共同发起“幸福书单”公益行动，为偏远贫困地区乡村小学的孩子们精准捐书，通过分享阅读传递幸福传递温暖，在践行精准扶贫上积累了经验。

一、团队精简高效，活动真实可靠

“幸福书单”是对公益活动的一次探索与创新，与精准扶贫相结合，追求改进创新，传播社会主义核心价值观。“幸福书单”由5人组成固定的团队，以网状结构分工协作，提升工作的效率和质量。一个公益项目执行会涉及很多利益相关方，无论是捐赠方或受助方，对本栏目而言都是一个需要谨慎选择的过程，工作艰巨且繁杂。执行过程中，会在前期人员设置的基础上再增加三名工作人员参与项目执行，分别负责沟通活动的相关方以及宣传推广等事务。精简明确的人员设置，有效地提高了活动运行的效率以及影响力。

公益活动离不开各类人才的集思广益，为了留住和吸引优秀公益人才，奥一网设立了一些不同于其他栏目的激励机制，包括物质奖励和职业培训等。对有创新公益点子的人员，提供具有吸引力的奖励资金；经常开办培训班，积累行业知识、开阔眼界。这些激励机制，不仅提升了栏目创作团队的专业素养，也提高了团队的整体专业水平。

为了保证活动能够有效落实，保证捐赠的有效性和必要性，“幸福书单”团队前期会与受赠方提前沟通，根据学校和孩子的需要，搭建爱心平台，号召市民进行有效、有针对性的捐赠，让孩子们读上喜爱的书，补充学校急需的图书，打造“幸福书单爱心图书室”。一方面，关于捐赠方，“幸福书单”与深圳书城进行深度合作，爱心人士可以前往深圳书城中心城购书捐赠，购买用于捐赠的所有书籍均可享受6.8折的优惠价格，现场捐赠时会在书籍内页盖上“幸福书单”官方Logo印章。另一方面，“幸福书单”与深圳各大社区、学校、企业进行交流合作，通过在社区与学校的推广，发动爱心市民与学生参与到公益活动中。此外，幸福书单还有一条捐赠渠道，联合各大企业有针对性地进行图书购买捐赠。最后将各渠道收集到的受捐书籍整理打包，由各企业代表、热心网友、媒体统一送往受捐助学校（图 1）。

图 1　企业代表、媒体与活动人员共同参与捐赠仪式

二、依托平台自身优势，扩大品牌影响力

从“幸福书单”项目立项开始，公司管理层就对幸福书单项目非常重视，从人员配备、技术支持、资金投入等各方面都给予大力支持，并为此项目申请了专门的域名 www. happylist. org，同时在品牌、知识产权保护等方面做了大量的前期工作，并通过网站自身资源及南方报业传

媒集团内部的资源对该项目进行大力宣传推广。

为提高活动的感召力、凝聚力和辐射力，“幸福书单”借助于自身的平台优势，为活动预热造势。《南方都市报》、奥一网、南都 APP 等不同形式的官方渠道共同发布募捐信息，既有传统媒体的公信力为活动保驾护航，也有新媒体的广泛传播力为活动助力，从而引发社会各界爱心人士、爱心机构和企业的关注（图2）。据统计，“幸福书单”相关活动帖、专题、新闻报道等点击量达 9800 多万，《南方都市报》等相关持续报道阅读量达 2250 万。活动得到受助地区各部门和媒体的大力支持，当地媒体亦进行了重点报道。

图2　“幸福书单”位于奥一网官网显要位置

同时，“幸福书单”自身也搭建了媒介传播平台，通过官网的“幸福资讯”和“幸福行动”栏目及时发布活动的相关信息，一方面扩大活动影响力，呼吁更多受众参与，另一方面也能使公益活动在阳光下运行，提高可信度。借助于自身的官网平台，“幸福书单”将提高贫困山区儿童阅读质量的理念进行广泛传播，取得了更好的援助效果。目前，

"幸福书单"已经为四川、贵州、青海、西藏、广东、海南等地的贫困山区学校捐出1万多册图书，建立了11个"幸福书单"图书馆，近8000名小朋友受益。

除此之外，奥一网其他品牌栏目和"幸福书单"融会贯通，与儿童公益项目"环保小达人"手工制作大赛联动，在活动中加入了"幸福书单"元素，让参赛的小朋友们参与到帮助同龄人阅读的公益活动中来，共同进步。

三、借助网络直播，增强活动公信力

网络直播具有直观、快速、表现形式多样、内容丰富、交互性强、地域不受限制、受众可划分等特点，幸福书单项目充分利用网络直播的优势，加强活动现场推广效果。对于受众而言，网络直播能够增强现场感与仪式感，同时也能够与直播者进行双向的互动交流。"幸福书单"在奥一网直播平台的技术基础之上，发挥新媒介优势，对捐赠活动进行现场直播（图3）。

阶段性募集工作结束后，奥一网对爱心书籍、爱心文具进行打包，并邀请爱心企业代表、热心网友、媒体人士等一起送往受捐助学校，奥一网对此活动进行网络直播，吸引更多的网友参与到公益活动中来献出自己的爱心。例如在2016年第五届捐赠活动中，奥一网提前派出记者前往连州，随机挑选一个班级，与深圳的捐赠现场进行网络直播，让每一位捐书者能够直观看到那些需要帮助的孩子的学习环境，让捐赠活动变得更加真实，同时让每一位捐赠者看到书籍的流向，增加活动的公信力。

图3　“幸福书单”捐赠活动现场

为了让捐赠更加透明，体现活动的公益性和公开性，“幸福书单”在最新的官网首页加上一个版块，实时滚动显示捐赠情况，一目了然。其次，在分拣图书、学习物资的时候，工作人员在幸福书单的纸皮箱上详细记录箱子里书本的种类、捐赠数量、受赠学校名称等信息，有效保障了活动的公开透明，获得了受众广泛的信赖与肯定。

四、基于社交媒体，提高用户互动性

社交媒体在互联网的沃土上蓬勃发展，爆发出令人眩目的能量，其传播的信息已成为人们浏览互联网的重要内容，制造了人们社交生活中争相讨论的一个又一个热门话题，进而吸引传统媒体争相跟进。“幸福书单”作为新型公益项目的实践者，借助网络论坛和微信平台增强与受众的互动，提高活动的传播效果。

“幸福书单”在奥一网的“奥一社区”中以“幸福书单公益行动”为主题开辟了专门的版块，活动负责人将活动的视频、文字报道等信息综合处理后呈现给受众，使受众对这一活动有整体的主观印象（图4）。同时，活动负责人能够及时了解捐赠信息、受众的想法以及态度，与受众进行交流，及时做出调整。

图4 “幸福书单”在“奥一社区”论坛中的发帖

除了网络论坛，“幸福书单”同样通过“奥一网”的微信公众号链接进行活动宣传推广，一些参与单位也在微博平台为活动推广，以宣传项目、募集爱心书籍为主要内容，注重突出传播正能量，展现广东人的善良品德，并通过多家新闻媒体、网站合作深度报道，以高素质的文明形象报道展示“广东精神”，体现广东网民的大爱之心。在广泛的号召下，“幸福书单”活动受到了国内众多主流媒体的关注。

五、线上线下互动，传播社会影响力

所谓线上指的是利用网站、微博、微信等新兴媒体进行信息传递，而线下是借助非媒体形式进行宣传推广。线上与线下互动的结合，能够充分发挥社会影响力，调动受众的参与积极性。“幸福书单”在充分利用媒体资源进行线上推广的同时，也注重线下活动的展开，积极与深圳各大社区、学校、企业进行交流合作。

“幸福书单”在学校举办中小型图书捐赠活动，学生可以将闲置图书直接捐赠到各自学校捐赠点（图 5）。“幸福书单”联合深圳市升阳升社会工作服务社，14 个捐赠网点长期接受图书、学习用品等爱心捐赠，并定期将募集物资送往奥一网总部。而在社会层面，“幸福书单”与桃源社区党群服务中心建立长久合作关系，定期向社区居民宣传公益活动，建立捐赠点接受爱心图书、学习用品等物资。

图 5　“幸福书单”在深圳大学进行宣讲

通过以上各种合作方式，“幸福书单”发动爱心市民与学生参与到公益活动中，再联合各大企业开展公益捐赠项目合作，最后将各渠道收集到的受捐书籍进行整理，由各企业代表、热心网友、媒体人士一起统一送往受捐助学校。捐助全程由奥一网进行网络直播，各大媒体、网站进行报道。

结　语

作为社会公益的实践者，“幸福书单”一直致力于丰富偏远地区贫困儿童的精神生活，已取得显著的成效，拥有了一定的社会影响力。但是，“幸福书单”在运作过程中仍没能够充分调动媒介资源，线上传播互动的力度仍旧匮乏。如何进一步发挥互联网技术优势和平台渠道推广优势，运用新媒体技术手段增强社会参与互动性和影响力是“幸福书单”长久发展面临的首要问题。“幸福书单”需要充分发挥媒介力量，调动社会资源，更好助力公益事业前行。

慈善是一种力量，创新是推动慈善事业不断前行的永动机。未来“幸福书单”需要挖掘更多创新的公益模式，通过不同形式的公益活动吸引广大市民、爱心人士、企业机构加入捐赠中，成为捐赠之源头活水。其次，为孩子们建立一座连通外界的桥梁，通过书信、网络等途径，连接贫困山区孩子与外面的世界，让他们听到世界的声音，也让世界听到他们的声音，真正感受并享受到社会发展的成果。

奥一网“民声汇”

栏目简介：“民声汇”栏目是“奥一网”旗下的报料平台，立足珠三角，辐射广东，为网民提供理性表达诉求和呼声的畅通渠道。“民声汇”通过网民的报料，了解群众所思所想，及时跟进报料进展并提供反馈，真正做到了反映民意、关注民生、了解社情、化解民忧。

栏目定位：南都报系综合报料平台；网络互动公共服务监督平台。

栏目理念：将新闻与互动、社会与民生、舆论与监督有机结合，以更高、更深、更广、更有力的新闻报料及后续跟进关注民生，加强舆论监督，服务广大民众。

栏目特色：情系民生民忧，反映社情民意。

栏目构成：“热门报料”“最新报料”“跟进报料”“附近报料”“报料反馈”“红黑榜”等栏目。

栏目网址：http://baoliao.oeeee.com。

奥一报料
baoliao.oeeee.com
民声汇
登录
免费注册
首页
热门
最新
跟进
附近
宝马车停在绿化带上，城管局不管谁管？
请深圳市城市管理局回答一下"车压绿地"的受理范围？如果说车停绿化不属于城管范围，那如果绿化上有建筑垃圾或者其他什么的是不是也不属于呢！还有的是交警也应该要推出这样的平台举报，多样化，别单一，可以分为有车一族和无车一族来举报... [详情]
好料(0)
烂料(0)
分享
在人人乐买伊利奶喝了拉肚子，投诉后超市不理
Justin'
在人人乐滨福购物广场店买了假冒伪劣或过期的伊利的牛奶，喝了以后拉肚子，然后去商家那里投诉不管用。人人乐超市说；伊利牛奶不是他们生产的，他们只管卖，他们会叫伊利牛奶厂家过来处理，需要两个小时！叫我耐心等待......... [详情]
好料(0)
烂料(0)
分享
我要报料
微信报料
手机 随时随地报料
baoliao.oeeee.com
南都呼叫中心 电话报料
020-87388888
投诉建议邮箱
sqsh@nandu.cc
报料地图
污染地图
违建地图
媒体关注
报料达人
zoe891
chiuchiu

奥一网“民声汇”栏目首页

汇集民意民情民声的报料平台

——对奥一网“民声汇”的评析

2014 年 8 月，奥一网“民声汇”全新上线。该栏目立足珠三角，辐射整个广东，以提供报料为主要功能，曝光丑恶，弘扬正能量，并帮助报料人切实解决问题。经过多年的发展，“民声汇”栏目取得了较好的成绩，并逐渐打造成为受业界认可的知名品牌。

一、注重用户体验

“民声汇”十分注重细节关怀，坚持“用户体验至上”理念，在报料渠道、视觉体验、网友互动、报道选题等多方面以用户为中心进行设计，持续优化用户体验，以提升用户黏性。

（一）报料渠道多样

功能上也更加全面便捷，亮点之一便是增设了邮件报料方式。栏目现有微信、手机端、电话、邮件四种报料途径（图 1）。网友可以根据自身条件，任意选择其中之一向平台提供新闻线索。

图1 “民声汇”报料渠道

就微信来看，栏目在网页显著位置增设二维码，拿起手机扫二维码，即可进入奥一网公众号，其右下角功能栏设置了“我要报料”，点击进入后便可实现轻松报料（图2）。除奥一网入口外，“民声汇”还在南都珠三角官方微信集群开通了报料导入功能，南都新闻、深圳大件事、珠海大件事、惠州大件事等公众号均有“民声汇”报料入口，无须下载客户端便可随时随地进行报料。在手机端方面，南都APP嵌入了“奥一报料”功能版块，可在南都移动客户端全方位展现产品，网友报料及查看后续跟进更为顺畅。邮件报料能更加清晰地描述事件经过，直观准确地表达网友诉求，也可节省电话报料所需费用。而电话报料因为方便快捷，也受到一部分网民朋友尤其是老年人的热捧。

图2　微信报料渠道

（二）视觉体验佳

经过多次改版，“民声汇”的页面不断优化升级，但始终以蓝色、白色两种冷色为主色调，界面看起来简洁清爽，提升了用户的视觉体验。

随着读图时代的到来，网民更喜欢用直观的图像看内容。“民声汇”栏目顺应时代潮流和民众需求，设立了“报料地图”（图3）。网友可以查看自己所在地附近的报料，并根据自身喜好切换列表或地图的呈现方式。关于报料的处理进度，栏目以图像的形式展现，较之单一文字，更为直观醒目。点击了解报料反馈情况，可以看到每篇文章标注了“有反馈”“已解决”等字样，让读者明白该报料的处理结果（图4）。

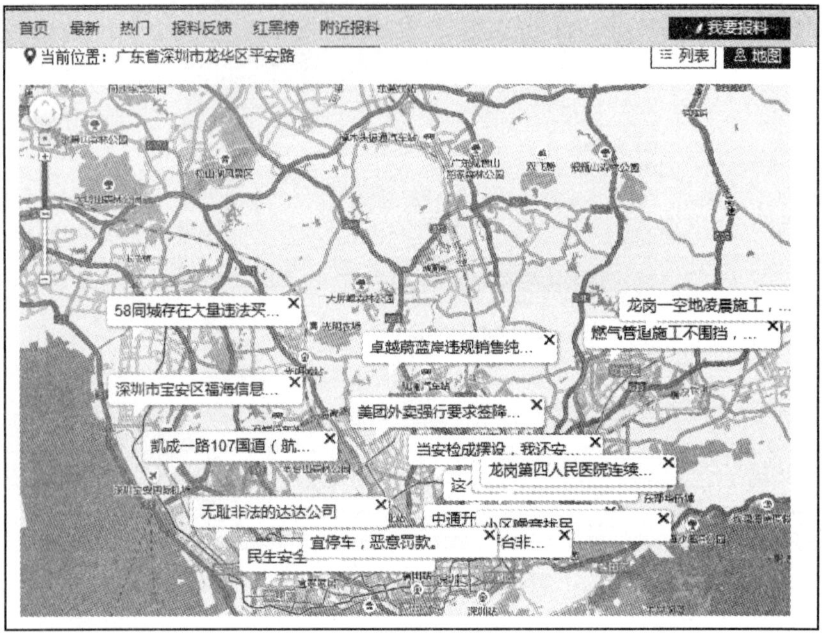

图3 “民声汇”报料地图

（三）网民互动性强

在功能方面，网友可对报料内容进行“好料”“烂料”的一键评价，便捷的操作方便网友进行反馈；网友可将自己感同身受的报料，转发至微信朋友圈、微博、QQ等社交平台，提高栏目传播力；此外，网友可以注册进行留言互动，在设置必要发言门槛的同时，最大程度地促

图 4　报料反馈

使网友参与到民声帖子的讨论中来，真正实现民声汇集的功能（图 5）。

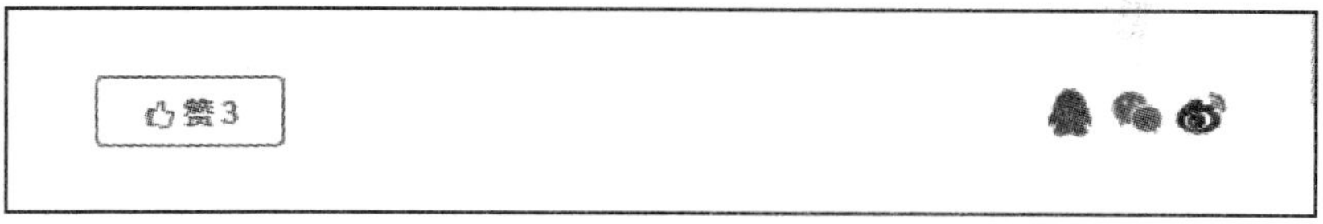

图 5　栏目设立的点赞和转发按钮

例如，2015 年 4 月 30 日《广州 Uber 被查，的哥大快!》的帖文（图 6），一经发出便引起全民关注，单帖点击量近 19 万次，回帖 1412 条。国内媒体纷纷跟进报道，对当时推动 Uber 规范化管理起到了一定作用。由此可见，“民声汇”的设立，既反映了群众呼声，也为政府决策提供了参考依据，方便政府部门快速跟进舆情，了解网民态度，及时给出有力回应。深圳政府多个部门更是将“民声汇”看作是舆情信息第一来源。

广州Uber被查，的哥大快！

出路出路55523

2015-04-30 15:53 197703 阅读 · 1412 回复

4月30日，广州市工商、交委、公安联合行动，打击涉嫌组织黑车进行非法经营的Uber广州分公司，现场查扣上千台Iphone手机。这下终于为广州的哥出了一口恶气！

图6　网帖《广州 Uber 被查，的哥大快!》截图

（四）选题契合民声

“民声汇”是市民反映问题的窗口和平台，通过“民声汇”可以有效收集网民意见、沟通政府，有利于政府有效施政。因此，“民声汇”栏目的策划大多围绕网友反馈的民生话题展开，包括医疗、教育、民生、交通、养老、公共安全、消费、住房等公共性较强的话题，密切关注网友生活中遇到的难题，尽可能将民众反馈的问题通过栏目品牌影响、媒体渠道有效传达到政府职能部门，促进沟通，协调问题解决。

二、反馈公开透明

“民声汇”栏目作为公共的报料平台，通过及时公示反馈进程，将处理过程最大程度地公开透明。增设打分“红黑榜”，运用老百姓看得懂、易接受的方式，让群众了解到反馈结果。设立相应机制鼓励报料，在积极回应群众关切的同时，力求落实群众的知情权、参与权、监督权，真正做到为民谋利。

(一) 反馈结果及时公示

“民声汇”紧扣社情民生，反映民情民意。网民在平台进行报料后，“民声汇”会迅速跟进并反馈进度，将问题解决与否展示出来，并以直观的图形展现报料处理的即时进度。进度条分四步——报料、反馈、答复、解决，即网友提供报料，工作人员反馈到相应部门，相应部门给出回复，再到事件最终解决，处理进展一目了然，一改过去报料人想了解报料事件、跟进情况而无法得知的局面，解决问题的效率大幅提高，真正做到了急群众之所想、帮群众之所需、解群众之所难（图7）。

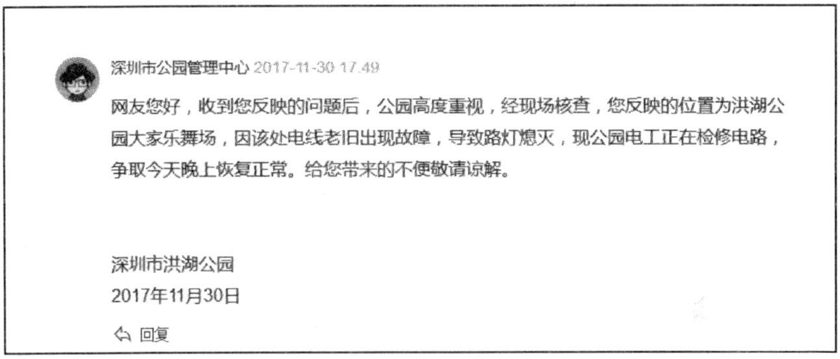

图7　相关部门回复报料内容

(二) 建立打分制增设“红黑榜”

2017年8月，“民声汇”栏目新增“红黑榜”版块（图8）。栏目组基于介入速度、处理速度、处理效果、南都评价四个指标，建立了一套评分体系。该评分体系对被点名单位的各项指标进行评分，总分6—10分计入红榜，1—5分计入黑榜（图9、图10）。红榜旨在对好的事件现象进行宣扬；而不好的事件则纳入黑榜，加以鞭笞，督促改正。栏目组基于评分，会对反馈速度进行评估及问题汇总反思，以便更好地服务网友、服务社会。

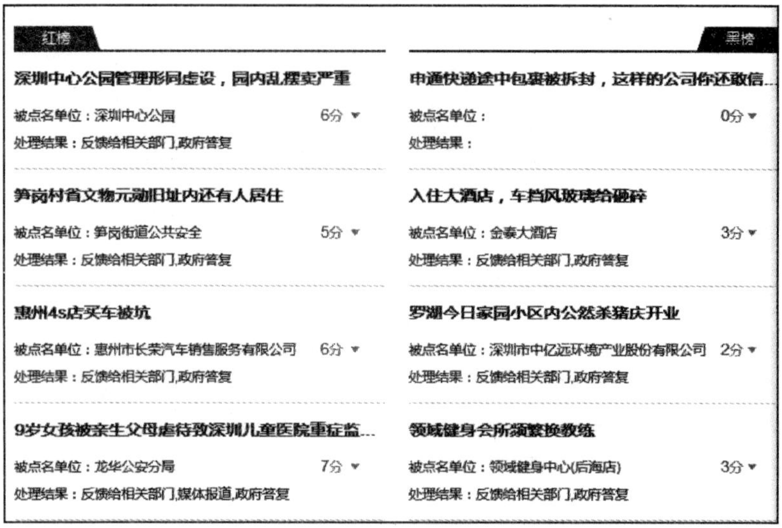
红榜

深圳中心公园管理形同虚设，园内乱摆卖严重

被点名单位：深圳中心公园 6分

处理结果：反馈给相关部门,政府答复

笋岗村省文物元勋旧址内还有人居住

被点名单位：笋岗街道公共安全 5分

处理结果：反馈给相关部门,政府答复

惠州4s店买车被坑

被点名单位：惠州市长荣汽车销售服务有限公司 6分

处理结果：反馈给相关部门,政府答复

9岁女孩被亲生父母虐待致深圳儿童医院重症监...

被点名单位：龙华公安分局 7分

处理结果：反馈给相关部门,媒体报道,政府答复

黑榜

申通快递途中包裹被拆封，这样的公司你还敢信...

被点名单位： 0分

处理结果：

入住大酒店，车挡风玻璃给砸碎

被点名单位：金泰大酒店 3分

处理结果：反馈给相关部门,政府答复

罗湖今日家园小区内公然杀猪庆开业

被点名单位：深圳市中亿远环境产业股份有限公司 2分

处理结果：反馈给相关部门,政府答复

领域健身会所频繁换教练

被点名单位：领域健身中心(后海店) 3分

处理结果：反馈给相关部门,政府答复

图 8 “红黑榜”

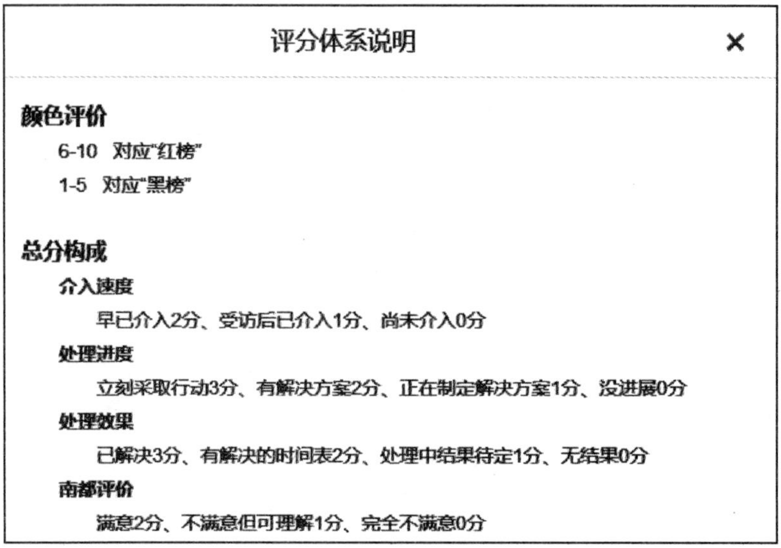
评分体系说明

颜色评价

6-10 对应“红榜”

1-5 对应“黑榜”

总分构成

介入速度

早已介入2分、受访后已介入1分、尚未介入0分

处理进度

立刻采取行动3分、有解决方案2分、正在制定解决方案1分、没进展0分

处理效果

已解决3分、有解决的时间表2分、处理中结果待定1分、无结果0分

南都评价

满意2分、不满意但可理解1分、完全不满意0分

图 9 评分体系说明

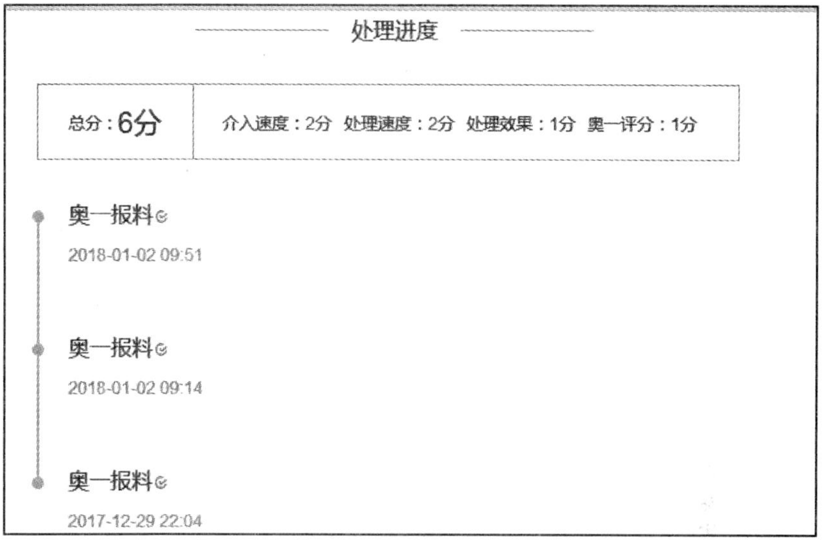

图 10　报料处理进度打分公示

（三）鼓励机制助推栏目成长

“民声汇”对于网友反馈的重大事件，除了帮助解决外，还给予重大线索现金奖励，并为积极报料的网友设立报料达人栏目。每月依据报料线索的新闻价值、报料素材的载体性（如文字、图片、视频）以及各类素材的完整性等标准评选报料奖，并发放报料奖金，奖金数额 30 元到 200 元不等，大大提高了民众报料反馈的积极性，也为栏目的选题策划提供了更多的线索。

三、注重外部联动

“民声汇”十分注重与传统媒体及新媒体的联动配合，不仅可以与各路媒体共享报料线索，同时，报料人给出的报料、反映的问题，在很多时候能成为新闻线索。除了奥一网设有专职工作人员跟进外，广深媒体也会联合跟进，引起更多媒体记者的共同关注，切实帮助解决问题。

在传统媒体方面，广东卫视、深圳电视台第一现场、南方卫视、《羊城晚报》《中国青年报》等媒体，均与奥一网有着良好合作关系。“民声汇”打通了南都呼叫中心资源，平台线索共享，极大地扩展了“民声汇”线索来源。“民声汇”工作人员在收到网民报料后，会在第一时间核实，辨别报料线索真假，判断报料新闻线索价值，收集到有用素材后，联系广深媒体群及南都珠三角各地记者站记者跟进采访。记者跟进网友提供的线索，帮助解决问题，在完成采访稿件内容的第一时间，在“民声汇”上呈现。对于长期跟进“民声汇”线索的记者，“民声汇”还开设了记者专栏。

“民声汇”联合其他媒体策划报道。南都和奥一网共同打造了奥一直播室，“民声汇”负责发起网络互动话题、引爆热点话题，直播内容在“民声汇”上通过视频加图文全部展现。2018 年的消费者权益保护日，“民声汇”还联合深圳电视台做了几期消费维权报道，扩大了栏目的公信力和知名度。

在新媒体方面，新媒体的运用极大提升了栏目影响力。2014 年 3 月起，“民声汇”陆续在今日头条以及微信公众号同步注册“民声汇”公众号，同步推荐每日报料跟进核实内容。2015 年“民声汇”在今日头条推荐的文章，单条报料平均阅读量过万，其中关于居住证的单条报料帖文最高流量达 80 万人次。此外，“民声汇”与奥一网微信公众号密切合作，在奥一网微信公众号开通报料有奖标签，设子栏目“报料精选”与“我要报料”两大版块，解决了“民声汇”无移动客户端的问题。“民声汇”还开设南都报料栏目，第一时间同步内容。用户可以通过下载南都APP阅读新闻报道，轻松了解每一条新闻线索的采纳及跟进情况。

四、内部运营流畅

一方面，栏目组内分工明确、权责分明。“民声汇”栏目现共有8名工作人员，1名负责美术设计及栏目产品规划；1名负责栏目的全方位统筹工作；1名负责栏目技术维护，定时进行产品更新、优化、新功能开发，对网友反馈的网站频道技术问题及时沟通解决，确保栏目高效有序运行；2名负责内容维护与更新；3名负责安全审核，进行24小时安全监控，层层安全把关。对于网民上传的内容，严格遵守三审制度，对于合规的内容在栏目显示，违规内容予以屏蔽，以确保“民声汇”栏目信息安全。

针对网民报料比较集中的热点话题，“民声汇”主动介入，认真策划，加强引导，如“白石洲旧改，一个时代的终结”“3·15消费者权益保护日”“深圳这五年”等。“民声汇”还与南都社区通“民调”密切合作，每周制作一期网络民调，收集网友意见，并在《南都》“民调”栏目显示。在专门发布网站世界排名的ALEXA网上，“民声汇”栏目访问量占到奥一网总流量的26.51%。

五、引领正确舆论导向

由于当下网络环境纷繁复杂，“民声汇”有时会遇到不实信息的侵扰，如果处理不当，不仅“民声汇”会受到负面舆论的干扰，更会成为错误言论的传声筒。因此，“民声汇”栏目采取了多项有力措施，确保正确的舆论导向。

第一，实行前台虚拟网名、后台实名的制度，每个登录账户绑定有效手机号码，确保第一时间能够联系上发帖人。第二，设有先审后发机制，在没有人工干预的情况下，所有网帖统一不对外显示，由工作人员一一审核后，才对外显示。第三，栏目安全审核工作人员，实行轮班制，确保24小时有人在岗，第一时间有效处理不良信息和负面舆论。内容编辑还会对负面舆论进一步跟进核实，力保做到万无一失。

结　　语

近年来，“民声汇”栏目通过不断地改版、创新，取得了不错的成绩。2014年，奥一网“民声汇”凭借《深圳清洁公司送礼名单》，获得“第十届南都新闻奖融合媒体报道奖铜奖”。2015年，“民声汇”凭借报料深圳美莲小学毒跑道事件，再次拿到“南都新闻奖融合媒体报道铜奖”。但就目前“大智移云”各种信息技术交融渗透的时代来看，“民声汇”还存在一些问题，亟待破解。

第一，网页内容过于单一。“民声汇”的定位为新闻报料、民生报料、监督反腐，但内容存在局限性。一方面，网站内容基本是网友提供的民生报料，多为图文，缺乏相关新闻报道。另一方面，新闻报料只是发挥了提供线索的作用，可读性不强；部分报料可能并无新闻价值，进一步削弱了报料内容的可读性。而作为南都报系综合报料平台的“民声汇”，在未来可增设报料相关新闻的专栏，配发视频，并根据报料，提供多元且独特的内容，增加栏目的可读性。

第二，网站黏度低，网友流失严重。就观测来看，许多报料的点击率未破千，部分报料无回复、点赞，互动情况并不理想（图 11）。由于民生类报料基本就是网友反映问题求解决，“民声汇”工作人员帮助跟进解决，一般情况下，要等网友遇到问题才会再次重新登录反馈，长期登录在线的可能性并不大，传统的 PC 端页面也不再是用户访问的主要入口。不过目前，“民声汇”已经在微信移动端、南都 APP 采取了部分引流措施，接下来会在引流方面继续加强。

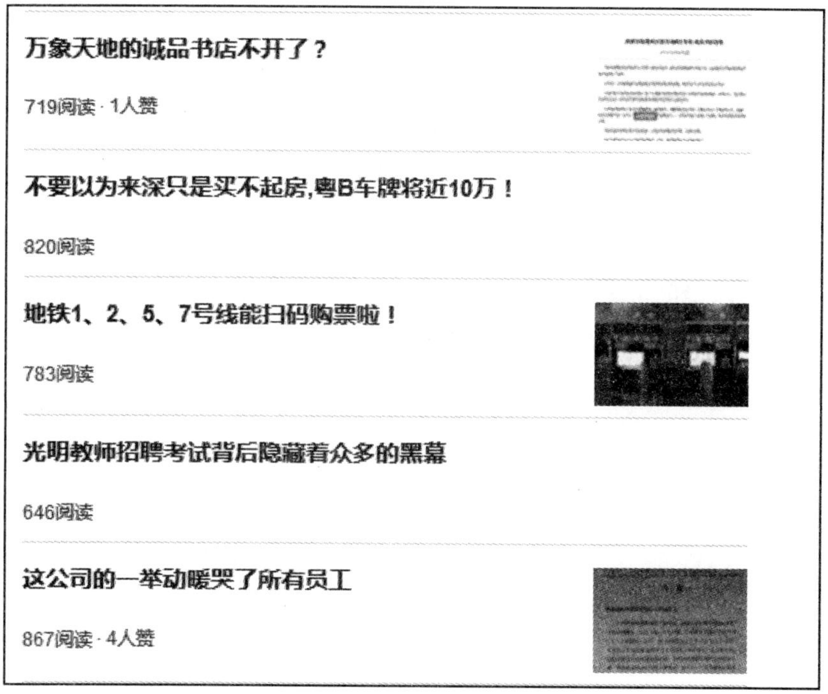

图 11　部分报料的阅读数及点赞情况

第三，用户若想查阅历史相似报料，须手动搜索关键词，报料也未进行分类管理，在搜索时增加了用户的信息获取成本，恐会影响用户体验。在未来，栏目可以尝试增设“相似报料”的推荐内容，方便用户继续访问本栏目以往类似报料的相关信息，为报料及后续处理提供参考；同时增设“报料分类”，帮助网友更好更快地搜索信息、解决问题。

东莞阳光网“阳光微电影俱乐部”

栏目简介：“阳光微电影俱乐部”是由东莞广播电视台主办，面向全国微电影创作团队、影视爱好者的网络平台。俱乐部承担作品展示、演员展示、拍摄邀约、资金众筹、观影会等功能。同时，俱乐部与各大视频网站建立长期合作关系，充分发挥东莞广播电视台旗下东莞电视台、东莞电台、东莞阳光网、东莞阳光台 APP 四大媒体资源优势，为优秀的电影、电视剧、系列剧、系列栏目、微电影等影视内容提供全媒体发行服务。

栏目定位：全国微电影创作团队、影视爱好者的网络平台。

栏目理念：以先进理念和创新精神，发现大众生活背后有意义的故事，提供最优质服务。

栏目特色：产品丰富、公益性扶持计划、独创性服务。

栏目构成：“微影快讯”“俱乐部作品”“阳光观影会”“影评下午茶”“微电影大赛”“阳光视频”等栏目。

栏目网址：http://v. sun0769. com/sunwdy/。

东莞阳光网“阳光微电影俱乐部”栏目首页

微电影，微生活

——对东莞阳光网“阳光微电影俱乐部”的评析

2017 年，东莞阳光网“阳光微电影俱乐部”积极探索、实施可持续发展的微电影产业运营模式，进一步营造本土微电影的创作氛围，激发本土微电影团队的学习与创作的热情（图 1）。截至 2018 年 5 月，“阳光微电影俱乐部”流量已超 100 万。

图 1　微电影拍摄剧照

一、挖掘本地题材，打造精品微电影

“阳光微电影俱乐部”以微电影为表现方式，深挖现实生活人物背后的故事，以独特的视角关注日常生活，有时为了拍摄一部优秀的贴近百姓生活的作品，导演编剧会驻扎在拍摄地多月，深入当地老百姓的生活，了解当地的风俗习惯，并积极倡导正确健康的生活观念。另外，微电影的演职人员除了科班出身的新生代，还包括与电影题材叙述息息相关、有一定真实工作和生活经历的平凡岗位上的普通人，他们的参与也为微电影的创作提供了宝贵的建议和更加直观的视角。

“阳光微电影俱乐部”与东莞市中级人民法院合作拍摄公益普法微电影《屹立》（图 2）。微电影《屹立》以东莞市中级人民法院一名普通法官的真实事迹为原型，讲述法官张鹏在准备住院手术前夕，接到了一个关于一名少年犯的案件。为了及时挽救失足青年，减少对少年犯的心理伤害，张鹏不顾医生家人劝阻，毅然决定推迟手术，审理这起案件。最后，少年犯得到了公正的判决，及时迷途知返，并为张鹏法官送上感谢信。该片所有演职人员全部为法院在职员工。小人物的生活体验和生命感悟通过影像真实地进入大众视野，吸引更多网民在网络中观看、讨论微电影，提升了社会对影视行业的关注。微电影俱乐部所拍摄创作的微电影打破了传统电影的局限性，走出影院、走进大众。影片在东莞市 557 所中小学展映，大大提升了影片的影响力和传播力。

在打造优秀微电影的过程中，东莞“阳光微电影俱乐部”对剧本的信息审核制度和流程有着严格要求，内外部接洽的相关剧本也会从故事大纲开始经历严格审核制度：文编完成第一道审核，主编进行第二道审核，栏目负责人进行第三道审核，分管领导进行第四道审核，如果对剧本题材和未来拍摄具体细节仍有异议，总编会最后进行把关处理，确保剧本在贴近实际、贴近群众、贴近生活和保证原创性的同时坚持正确的舆论导向和社会导向，弘扬正能量。

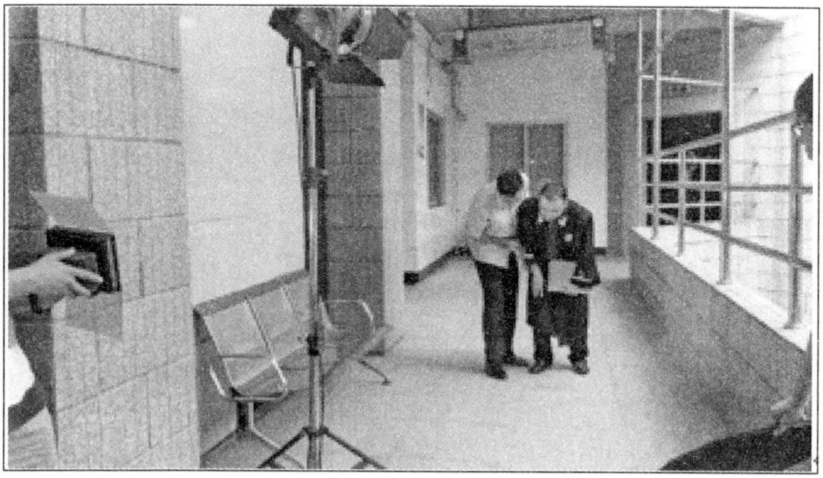

图2　微电影《屹立》剧照

二、筹建《航拍东莞》系列，展示东莞本土形象

2015 年 9 月，纪录片《鸟瞰中国》凭借全新的观察视野，第一次全片采用航拍画面，展示中国辽阔的疆土和多姿多彩的地貌，带给观众全新的视觉享受（图 3）。常规的宣传片制作方式已造成一定的审美疲劳，鉴于《鸟瞰中国》取得的巨大成功，“阳光微电影俱乐部”在东莞各镇街开发“鸟瞰”这一全新的宣传片制作方式，挖掘潜在市场，增加创收。

图3 《鸟瞰中国》航拍实景效果图

《航拍东莞》的制作方向主要包括如下几个方面：

（一）各镇街景点、重大项目宣传

此类视频作品，可用于景区的自我宣传。各重大项目也可采用航拍方式进行拍摄，对项目的立项过程、具体规划、工程亮点等进行详细介绍。在对外宣传或成果汇报时使用，更具说服力。

（二）各镇街形象宣传、推介

以镇街为单位，通过航拍全景展现各镇街的人文风貌、经济建设、镇区规划等，达到与常规宣传片相比，更加大气直观的宣传效果。也可自定主题，如以生态建设、新农村建设等为主题进行拍摄。

（三）东莞市城市形象宣传

以航拍形式拍摄东莞城市形象宣传片，可以从更全局、更宏观的视角展现东莞魅力，给人耳目一新的感觉。全片可挑选东莞人文、经济、体育、旅游等各个代表性地点，带领观众远离地面，从天空俯视东莞，重塑东莞印象。

三、推出精彩线下活动，扩大品牌影响力

“阳光微电影俱乐部”重视与社群的互动，以社群经营为抓手，以微电影为落脚点，通过一系列线下活动策划，扩大品牌在全网营销中的影响力。

（一）开展免费观影活动

2017 年，“阳光微电影俱乐部”平台组织了会员观影会以及一系列写影评抢门票活动，让东莞网友有机会近距离接触电影明星，提升东莞影视文化氛围。同时，东莞阳光网联合微信公众平台“爱上生活莞”，开展免费观影活动，进一步加强俱乐部会员的交流，培养了一批忠实观影群体。

在阳光微电影俱乐部首页设置的“阳光观影会”版块，里面有丰富的活动回顾和明星见面会回顾等信息。除此之外还有“话题讨论”版块，随时公布最新的观影信息，分享优秀电影资源，发布微电影演员招募公告和高价值含量的讲座信息，如于丹《家和万事兴》的门票预订等，充分调动了人们参与的积极性。该频道的设置不仅增加与用户的讨论互动，还积极传播高质量的电影资源讯息和提供有意义的活动。此外，在“阳光观影会”版块中，还可直接通过点击参与话题讨论，转接至“阳光社区”BBS 以获取更多的话题交流机会，为观影群体提供

更具归属感的聚集地。

（二）开展“莞梦大舞台”系列主题活动

“莞梦大舞台”系列主题活动于2017年3月正式启动，陆续在东莞32个镇街定期举办晚会。这是一个“放飞梦想，展示自我”的舞台，充满朝气与活力。同时，向社会招募影视爱好者，让其参与到影视拍摄中，一同实现电影梦想。通过定期演出让学员积累实战经验，增强学员的舞台感。

（三）举办东莞首届安全生产微电影大赛

幸福生活是人们共同的愿望。现实中每个人都处于不同的工作环境，确保工作环境安全，避免、减少工伤事故，是人们幸福生活的前提。为普及安全知识，弘扬安全文化，围绕“关注安全　幸福生活”这一主题，东莞市安全生产监督管理局联手东莞广播电视台举办首届安全生产微电影大赛，“阳光微电影俱乐部”是此次大赛的指导单位，通过对微电影的征集，深入挖掘人们身边与安全相关的小故事，进一步提高社会公众对安全生产的关注度，以此共创美好生活。

（四）实施“青年导演扶持计划”，培养影视产品制作人才

“阳光微电影俱乐部”与金蔷薇影视集团达成战略合作，实施“青年导演扶持计划”（图4）。此合作项目以开办最专业的影视艺人培训中心为目标，采用国际教学授课方式，邀请纽约大学电影学院、加拿大卡布兰诺电影学院和温哥华电影学院等海外知名国际电影学校教授担任客座教授进行授课；借鉴国外教程，采取实践与理论结合的课程进行传

授，依托集团摄影棚、后期制作中心、特效制作中心等资源，让所有学员在实践中领悟拍摄技巧；培养创作型编剧、导演、演员、制作、特效等人才；开展一年一度的“选拔赛”，挑选优秀人才，并给予扶持金，用以拍摄更多佳作。

图 4　“青年导演扶持计划”宣传海报

除此之外，为增强“阳光微电影俱乐部”品牌的传播力和影响力，网站也与东莞当地的大学进行合作，不定期开展一些线下活动，如给学校影视传媒相关专业的学生开设公开课、举办微电影大赛等，在学生群体中激发兴趣，引起轰动，进而打造和树立品牌活动。

结　语

当前，受整个市场环境的影响，微电影在经过一轮快速发展之后，由于没有发展更多的新品类和有价值的社会类话题，作品制作量开始逐渐下滑。而随着移动新媒体技术的发展，视频市场格局发生巨大变化，2—3 分钟短视频及 40—60 分钟的网络大电影逐渐受追捧。在短视频、网络大电影带动下，网络视频市场规模迅速增长。网络视频播放量节节攀高，成为新的用户增长点。“阳光微电影俱乐部”自2013年设立至今，一直以微电影为主导，缺乏新的增长点，在新的市场条件下，急需增改新的版块，寻求突破，丰富内容。

目前，随着移动互联网的普及和成熟，消费者对基于互联网的内容消费和网络社交需求不断增大，消费习惯逐渐成熟，移动互联网用户的普及和流量的增长，使得碎片化时代的触网体验得以保障，打破了视频消费的时间和空间局限，推动着短视频行业的快速发展。随着短视频市场迎来创业新风口，短视频行业向内容多元化发展，行业融资量呈井喷态势。“短、快、精，大众参与，随时随地随意性”是短视频最主要的特点，并且在范围上涵盖广阔，具备更大的趣味性、互动性，公众参与度更高。

网络大电影指的是在网络上发行、时长超过60分钟、符合电影叙事规律和国家相关政策法规、主要以付费点播模式分账的电影。近年来电影市场呈现出爆发式的增长，吸引大量资金进入。充足的资金使得网络大电影能够在制作上有更多的投入，电影制作水平逐步提高，涌现出了许多优秀的电影作品。

“阳光微电影俱乐部”需要进一步转型升级，在保持原有频道内容的基础上，增加短视频、网络大电影两大内容并进行整合，形成短视频+微电影+网络大电影+电影院线四大版块，并通过精准定位，严格把关审核内容，突出东莞特色，全方位建立全视频本土化的平台传播矩阵。

佛山新闻网“南方（广东·佛山）影视中心”

栏目简介：“南方（广东·佛山）影视中心”是佛山新闻网依托佛山市南方影视中心项目搭建打造的影视数字化服务平台，通过打造“南方影视中心”微信公众号、“南方（广东·佛山）影视中心”官网两个平台，以720度全景、航拍、视频、图文等形式，从吃、住、游、玩等角度充分展示佛山影视取景点的特色，并滚动播报国内外剧组来佛山拍摄的新闻资讯，不断更新国家和佛山的相关影视政策，为来佛山拍摄的剧组提供包括政策信息咨询、政府联络、摄制协调、人才推介等服务。

栏目定位：佛山影视数字化综合服务平台。

栏目理念：以影视文化产业为突破口，把佛山建设为国内外知名的影视之城。

栏目特色：推介本土景点，配套影视服务。

栏目构成：“功夫电影周”“佛山简介”“新闻资讯”“拍摄取景点推荐”“拍摄基地”“影视政策”“剧组服务”等栏目。

栏目网址：http://gollywood.tv/。

佛山新闻网“南方（广东·佛山）影视中心”栏目首页

搭建数字平台　打造影视之都

——对佛山新闻网“南方（广东·佛山）影视中心”的评析

南方（广东·佛山）影视中心（原“广莱坞”中国南方影视中心）隶属于佛山新闻网，是依托佛山市南方影视中心项目搭建的佛山影视数字化服务平台。它在佛山市政府动议下，结合当地项目基础，利用本土历史文化优势，将本土资源与广大影视剧组和游客的需求相结合，整合国内与本地政策、文化、人才资源，组建协作影视团队，开拓性地自我创新，制订数字化平台服务计划，为佛山市南方影视中心搭建数字化服务平台，不仅能够带动本土旅游经济效益的增长，还能提供一个国际化的推介佛山的平台，传播佛山精神，展示佛山形象。

一、聚合资源，搭建数字化服务平台

伴随佛山影视产业的发展，市场急需一个功能完善的数字化服务平台。佛山新闻网立足佛山市建设影视产业集聚中心的目标，成立专门项目组，以数字技术应用为手段，以数据为核心，旨在建成佛山影视外景

和配套服务资源的大数据库，以及专业的影视制作服务支撑平台。

栏目首先依据佛山在影视资源上得天独厚的优势，从本土出发，以佛山特色景点为切入点，选取佛山本地最具历史底蕴与文化精神的首批60个独特影视拍摄取景点，为游客、影视单位提供佛山影视取景地展示与查询网络服务。同时，基于60个取景点搭建的资源系统，收录了60个取景点的实景VR、720度全景、航拍图片视频、高清大图等内容，按自然景观、人文历史、现代都市影视基地分类充分展示各影视取景点特色，从吃、住、游、玩等角度为影视剧组与游客提供丰富且便捷的资料。

在信息资源上，平台不断滚动播报国内外剧组来佛山拍戏的新闻资讯，并实时更新国家和佛山的相关影视政策，如针对《佛山市扶持影视产业发展的若干政策》的解读、2017年度佛山市影视产业专项资金申报指南等，为前来的剧组缩减信息搜集时间，增加获得扶持资源的机会，提供巨大的方便。

在线下配套服务上，平台将通过自建服务机构或依托社会化服务机构，为来佛山拍摄的剧组提供包括政策信息咨询、政府联络、摄制协调、人才推介等方面的服务，协助其在佛山顺利拍摄。建设开放式的微电影工作室，为有志于从事影视制作的“双创”团队提供低成本的生产基地和孵化平台。此外，为提高各影视取景点影视服务相关专业知识，还专项开展形式多样的培训活动，例如2017年5月开设的影视拍摄相关服务专题培训班。

栏目在网站的搭建上，也同样设计精致、别出心裁。首页开眼便是佛山的场景浓缩画面，佛陀、李小龙塑像等都一一显示了佛山的本土特色。同时，开设了“功夫电影周”“佛山简介”“新闻资讯”“拍摄取景点推荐”“拍摄基地”“影视政策”“剧组服务”“联系我们”八个版块，提供了基础的影视服务资料，其中“拍摄取景点推荐”版块独具特色，通过搭载数据地图展示取景点方位，点击即可进入指定景点介绍，并能查看景区 VR 实景与高清大图，还贴心附有交通路线、美食攻略及附近酒店概况，为受众提供多方位的服务（图 1）。

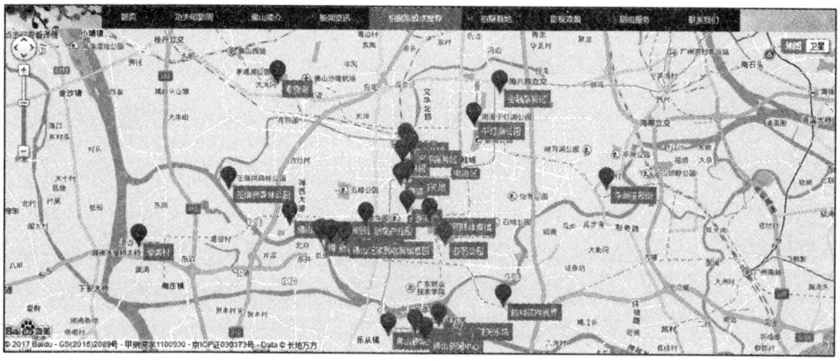

图 1　子栏目“拍摄取景点推荐”数据地图

二、不忘初心，塑造城市文化新形象

“南方（广东·佛山）影视中心”作为一个佛山影视数字化服务平台，除了能够推介佛山景区，带动旅游经济效益，对佛山城市形象的塑造与推广方面的反哺作用也不容小觑，通过平台活动建设，将佛山文化精神融入其中，更好地将佛山城市形象展现在民众面前。

例如 2017 年 11 月，平台线下举办的“南方影视中心·影像中的佛山”2017 中国电视纪录片导演特训班，通过大师授课、实战训练拍摄等五天的特训活动，鼓励 300 多名青年纪录片人在佛山取景取材，以新时代、国际化表达讲好佛山及中国故事。这样的活动能够在培养年轻人专业素质的同时，又能在活动中通过大量作品发扬佛山文化。同时栏目联动项目影视工作室拍摄了佛山城市形象宣传片、美好乡村宣传片等，在优酷土豆、城市地铁等平台上进行佛山城市的推广。平台还专门设计制作宣传册（图2），在上海、香港、北京等地的推介活动中派发，在电影节中亮相，通过科技实现线上线下互通，为佛山城市的推广出一份力。

线上网站的建设也对佛山城市新形象和文化产业发展成果具有重要的宣传作用，展现了佛山文化精神，更好地助力佛山打造取景点城市和文化导向型城市。

图2　南方（广东·佛山）影视中心宣传册

三、创新活动，扩大品牌社会影响力

创新是平台自我发展的重要机制，没有创新活动，意味着发展动力的不足。“南方（广东·佛山）影视中心”在提供数字化服务的同时，不断地参与举办符合佛山文化、城市形象的活动，线上线下联合推动，打造精致的文化项目。例如2017年11月举办的“南方（广东·佛山）影视中心2017佛山功夫（动作）电影周”（图3），以佛山知名特色“功夫”为主题，打造电影周，线下打出组合拳，影视大咖齐聚、功夫电影研讨、新旧功夫电影展映、全民体验功夫影视、同期举行武术大赛、举办功夫影视经典音乐会等；线上官方微信公众号推出“佛山功匠”等专题栏目与功夫H5小游戏，并提供电影周视频直播，为广大读者和影视爱好者第一时间提供最新的电影周资讯。该项活动通过微信公众号传播H5小游戏吸引年轻人的目光，线上线下互动链接，明星效应加之视频传播，多方平台联动共振，增强市民对佛山电影盛事的参与性和关注度，打了漂亮的一仗。

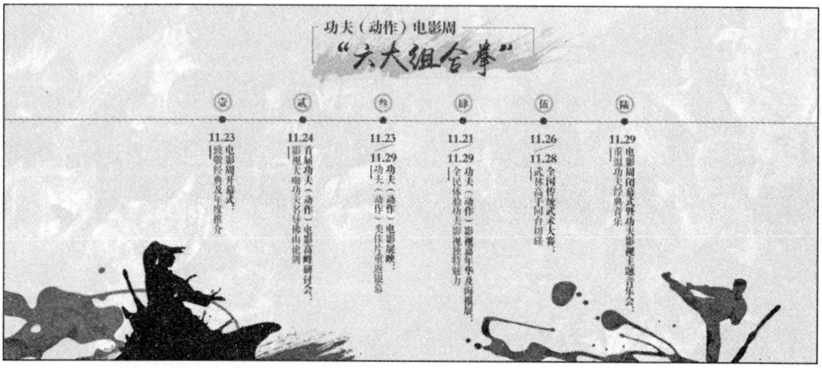

图3 “功夫（动作）电影周”网页

此外，栏目依托佛山新闻网成立的涵盖200多个新媒体公众号的“佛山政务新媒体联盟”，能够对重大题材影视作品宣传或相关影视政策发布解读进行同步推广刊播，从而获得巨大的曝光度与社会传播力。同时栏目不断入驻头条号、企鹅号等新媒体平台，以更多维的角度推广品牌栏目，线下则通过相关影视展会、推广会、电影节等活动进行品牌栏目的推广。

四、着眼未来，挖掘更多本土特质

对于未来，“南方（广东·佛山）影视中心”栏目将更加深入影视产业本身，不浮于表面。

在活动内容方面，除佛山特色“功夫”以外，栏目将持续关注佛山民俗与传统，如每年的秋色巡游、行通济等节庆活动，并对岭南水乡特色进行挖掘开发。佛山繁荣的现代制造业孕育了众多国内知名企业，如美的、碧桂园、马可波罗等，从乡镇企业到上市集团，这些企业的奋斗历程与精神也是呈现佛山现代文化精神的重要角度。此外，佛山生态修复建设、扶贫帮扶、乡土情怀等都是未来栏目对本土内容挖掘的重要关注点。栏目还将计划组织成立影视取景地联盟，举办首届“佛山取景点微电影作品大奖赛”暨“首届佛山国际微电影节”等活动，通过时间积累增强佛山影视文化氛围，持续推进影视基地建设和文化产业建设，带动佛山影视产业上下游体系发展，提高本土企业营业额，回馈本土。

在经费方面，目前品牌栏目仍以投入为主，辅以政府部门提供的少量项目运维资金支持，虽然影视工作室能够获得部分盈利，但仍然没有形成成熟的盈利模式。未来将通过深化栏目在影视培训、影视租赁、剧本策划、拍摄执行、中介服务、影视资源以及后期特效等增值服务方面的开发挖掘，维持栏目的良性发展。

网站本身除了前期的评论留言功能外，也即将增加实景直播、信息查询等功能，不停地完善服务。

结　语

“南方（广东·佛山）影视中心”虽然在影视服务方面初获成效，但是在一些地方仍然存在不足，需要改进。

作为推广佛山城市形象、文化精神的重要媒介平台，要把社会效益放在首位，实现社会效益和经济效益相统一。可以考虑通过融入佛山其他产业来更好地参与其中的环节，组织策划活动，提升本地民众对佛山文化的认知，让人们由心感受佛山的文化力量，从而广泛传播佛山文化精神。

佛山的城市文化推广，除目前取景点的推荐以外，还应在历史文化趣味特质上做更多文章。例如佛山作为国家级非物质文化遗产“粤剧”的起源地，拥有着独特的历史地位，可以作为平台展示佛山传统脉络的重要元素之一，在数据地图中确定“粤剧”起源处或体验点，提供丰富的相关资料，组织传统活动，为民众了解粤剧、推广粤剧打开一扇新的大门。另外，黄飞鸿、李小龙、叶问、梁赞等武术大家皆出自佛山，可谓声名远扬，平台可整合佛山本土传统武馆等资源，配合打造武术文化体验基地，同样在数据地图中展示出分布地点，将“武术之乡”全面发扬光大。还能将名人历史足迹进行串联，通过组织活动，邀请全国各地游客民众，对经典影视历史场景进行回溯，参与佛山的特色文化体验。

佛山的城市文化推广，也要充分运用VR、AR等新技术创作富有浓郁的佛山特色文化产品，通过视频、电子书、H5等网络传播方式，贴近年轻人的生活理念，让更多的民众知道、了解、参与佛山的文化盛事，在人们的心中根植佛山的城市形象。

21CN“聚投诉”

栏目简介：21CN“聚投诉”是21CN的企业社会责任项目，一个公益性消费投诉服务的互联网平台。“聚投诉”自2013年3月上线以来，就以严格杜绝商业操作、秉承“公益+法治”为理念，依托“互联网+志愿者”的力量，为消费者和经营者之间无偿提供解决争议的服务，推动企业服务水准以及全社会消费维权法治化水平的提升。至今，聚投诉已累计受理消费者有效投诉超过30万件，已有包括BAT在内的1000余个商家进驻平台，成为网上最大的公开投诉数据库。

栏目定位：国内媒体最大的公益性消费投诉服务平台。

栏目理念：为消费者和经营者之间无偿提供解决争议服务。

栏目特色：公益性、规模大、独创性服务。

栏目构成：“集体投诉”“成功案例”“投诉对象”“投诉排行榜”“聚投诉报道”“维权法规”“专栏文章”等栏目。

栏目网址：http://ts.21cn.com。

21CN“聚投诉”栏目首页

互联网 + 消费投诉的公益化创新
——对 21CN“聚投诉”的评析

随着中国经济尤其是互联网经济的飞速发展，大量的消费投诉在互联网世界不断出现。其中，基于互联网新型消费的投诉增长尤其迅猛。

而在消费者权益保护方面，无论是法律规范、行政规范还是行业规范，仍不可避免地存在种种不足和滞后，一些领域的消费者投诉艰难，乃至投诉无门。当大量无序的“吐槽”充斥网络之时，一些网站和媒体进而与被投诉企业大搞“潜规则”……

作为国企背景的国内重点网络媒体，21CN 创办的“聚投诉”平台，定位于企业社会责任项目，搭建了一个公益性的投诉平台，在“互联网 + 消费投诉”领域，走出了一条亮眼的创新之路。

一、立足“公益 + 法治”，获得广泛认可

自 2013 年 3 月 15 日上线以来，“聚投诉”坚持公益化定位，公开承诺不收取消费者、商家任何费用，不接受广告等商业合作。平台所需经费，全部来自 21CN 的企业社会责任项目经费与政府扶持资金。

这一定位，使得“聚投诉”在投诉争议的处理上，得以持续杜绝各类潜规则，基于依法、据实的原则，协助、督促商家提升产品质量与服务水准。同时，为了避免“网络大字报”现象，“聚投诉”严格要求投诉人“依法投诉、诚信投诉、文明投诉”，对失信投诉人公开惩戒，营造出一个风清气正的网络空间。

几年来，“聚投诉”的平台价值和公益属性，已获得广泛认可。2014 年至 2017 年，“聚投诉”连续 4 年获评为广东省重点品牌栏目。2017 年 9 月，社会科学文献出版社出版的首部《互联网治理蓝皮书》（图 1），将“聚投诉”作为平台案例予以专篇介绍。

图 1 《互联网治理蓝皮书》

2017 年 11 月，“聚投诉”与国家旅游局 12301 投诉平台实现了对接投诉处理，成为 12301 首家接入的媒体平台。

2018 年 1 月，“聚投诉”获中国互联网协会颁发的“2016—2017 年度中国互联网公益奖”（图 2）。

图 2　2016—2017 年度中国互联网公益奖

2018 年 3 月，“聚投诉”获中国消费者权益保护法学研究会评为“‘3·15’学雷锋做公益事例”（图 3）。

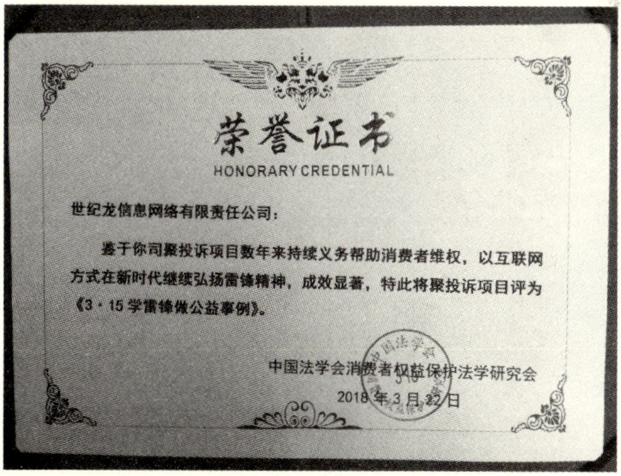

图 3　“3·15”学雷锋做公益事例

二、基于正向博弈，创建消费投诉绿色通道

基于“一切为了解决投诉问题”这一各方利益契合点，“聚投诉”彻底摒弃“潜规则”之后，建立了一系列“明规则”，供平台上的相关各方进行积极、正向、良性的博弈。其中最核心的博弈机制，是“7 天内解决投诉承诺”（图 4）。

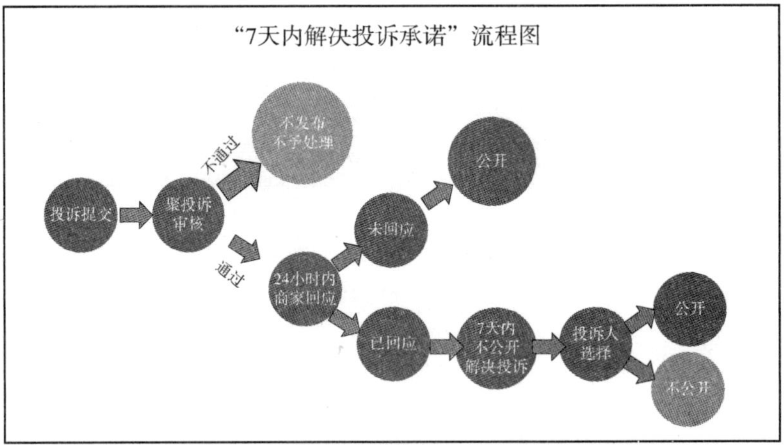

图 4 “7 天内解决投诉承诺”流程图

7 天内解决投诉承诺，是“聚投诉”在 2016 年“3·15”期间，独家推出的公益合作服务。这项公益合作服务规定：“签约商家在 7 天内解决投诉的，投诉不对外公开；7 天内未能解决投诉的，投诉将自动公开。”该功能上线后，因能减少负面曝光，商家纷纷主动申请加入。但基于公益性原则，“聚投诉”对签约商家有着严格的门槛要求，投诉解决率未达标、存在侵害消费者权益的机制性问题的商家，无权享有该服务。

截至2018年5月，已有中国银联、京东、苏宁、美的、长虹等44家企业（集团）加入了“7天内解决投诉承诺”合作。通过这一举措，商家获得激励机制，签约商家的投诉解决率保持在了80%+的高水平，在互联网金融、电商、在线旅游、家电等多个行业创建了消费投诉的绿色通道。

同时，还有包括互联网巨头BAT在内的近1000余个商家进驻了“聚投诉”，日常对接处理消费者投诉。

经过多年的发展，“聚投诉”已成为国内媒体里最大的消费投诉服务平台。截至2018年5月，“聚投诉”累计受理消费者有效投诉30万件。其中，2017年受理消费者有效投诉82,198件，同比上涨78.9%（图5）。

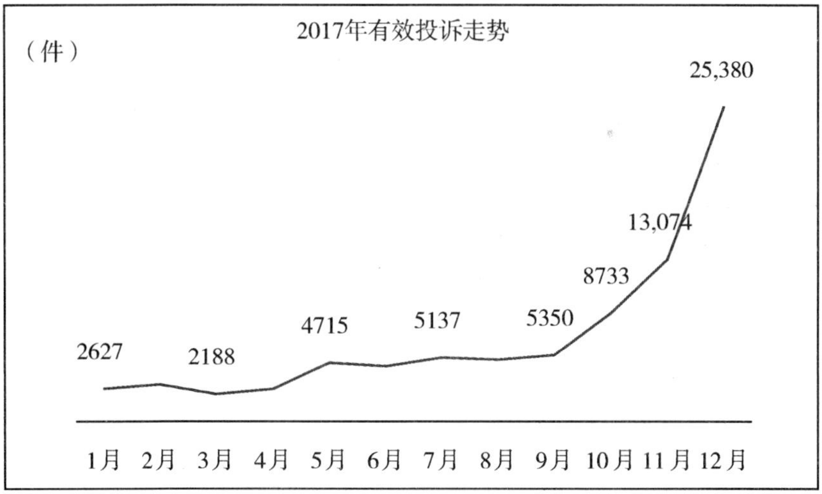

图5 “聚投诉”2017年投诉量走势

三、更多互联网创新，为消费维权赋能

“聚投诉”平台的互联网基因，使其持续保持了创新能力。

“通过技术创新为消费者维权赋能，是‘聚投诉’产品更新迭代的主线”，“聚投诉”负责人介绍道。

截至目前，“聚投诉”已推出三大独创服务功能。除了“7 天内解决投诉承诺”服务，“聚投诉”还有两大持续升级的原创功能——集体投诉、媒体号。

集体投诉，核心价值在于适应网络时代的消费投诉特点，把针对同一问题、同一商家的分散在全国各地的消费者投诉汇聚起来，通过投诉专题的方式集中呈现，提升投诉的影响力和效果。2018 年初，“聚投诉”推出集体投诉功能 2.0 版本，在原有的“聚投诉”编辑聚合投诉专题基础上，给网友提供了自行发起集体投诉、便捷参与联名投诉的功能，为弱势的消费者在投诉维权过程中提升议价能力。

媒体号功能，由“聚投诉”在 2017 年“3·15”期间推出。它的运作模式包括这样的基本流程：消费者在平台上发帖时，可选择“是否同意接受媒体采访”，若选择了“接受采访”，则通过平台认证过的媒体记者可以在平台上直接获取投诉人的联系方式，为消费者和媒体“信息不对称”问题提供了解决方案。迄今，已有新华社、中央广播电视总台、南方网、《21 世纪经济报道》等主流媒体的 40 多名记者开通聚投诉媒体号，并采写发表了多篇重磅报道，直接提升了消费者权益保护的媒体监督力度。

四、通过大数据推进企业信用评价

消费投诉是企业信用评价的重要维度。“聚投诉”基于其受理的有效投诉案例，储存了大量真实、有效、详细的企业信用评价、交易履约评价和消费者评价数据。近年来，“聚投诉”陆续推出了数十个行业投诉排行榜，通过对各行业商家投诉数据的客观对比，加强对失信商家的监督力度，推动商家争先创优。

2017 年初，“聚投诉”基于对全网投诉数据的抓取，推出《2016 年度银行卡盗刷全网投诉数据排行榜》（图 6），这是针对银行卡盗刷问题的首个全网投诉数据排行榜。除了在平台上公开发布该排行榜之外，“聚投诉”还把相关的投诉数据报告同时报送给了中国人民银行金融消

2016年各银行客户被盗刷量及金额

投诉量排序	银行	投诉量	投诉量占比	涉案金额（元）
1	工商银行	1923	25.6%	38747536
2	建设银行	1507	20.1%	37203697
3	招商银行	875	11.7%	23583491
4	农业银行	833	11.1%	22371992
5	中国银行	615	8.2%	17095966
6	交通银行	348	4.6%	7563707
7	光大银行	260	3.5%	6152853
8	民生银行	219	2.9%	6929803
9	邮储银行	218	2.9%	4964583
10	广发银行	182	2.4%	3327912
11	平安银行	140	1.9%	2128631
12	中信银行	134	1.8%	3361969
13	浦发银行	88	1.2%	6327574
14	兴业银行	79	1.1%	1559873
15	农商银行	45	0.6%	1308284
16	华夏银行	42	0.6%	769418
总计		7508	100.0%	183397289

图 6　2016 年各银行客户被盗刷量及金额

费权益保护局、中国银监会等相关监管部门。这些举措给行业自律、消费者购买、政府决策提供了独立第三方的数据支持，成为评价企业信用的重要参考，也为推动商务诚信体系建设带来了积极意义。

五、作为第三方协调者促进行业自律

投诉平台作为促进矛盾解决的第三方，充当的是一个“协调者”的角色，但是消费矛盾引发的原因纷繁复杂，总的原因在于消费者对于企业的不满，所以在解决矛盾之外，如何规避矛盾，防止此类现象再次发生，是一个投诉平台在为消费者解决矛盾之外更应该去思考的深层次问题。

随着“聚投诉”知名度与社会公信力的不断提升，其在进行投诉沟通、为消费者提供投诉解决的绿色通道之外，还倡导行业立标，针对网贷行业的不当催收、商旅卡行业的销售误导、婚恋行业的不当销售等问题，陆续推出行业自律承诺标准，并将该承诺作为相关行业商家签约参与“聚投诉”“7 天内解决投诉承诺”的前提条件，以此获得部分商家积极响应，据此做出了自律承诺。

结　语

提到消费者投诉，大多数人的印象可能还是 12315，维权方式单一影响着消费维权的信心。除此之外，维权意识薄弱、维权道路可能遭遇的种种阻碍，导致很多消费者放弃维权。

“聚投诉”通过独特的互联网媒体平台方式，鼓励更多用户参与进来，提升消费者的维权意识和行动能力，同时也逐渐发展为投诉服务的互联网平台级应用，助力于中国的互联网治理。

随着投诉平台的不断发展，单方面编辑主导的投诉处理将难以适应生活中客观存在的海量投诉，“聚投诉”在今后应更多地发挥各方作用，尤其是专家、维权达人的作用，团结大家的力量。这将有利于“聚投诉”实现成为“投诉服务领域的平台级应用”的目标。

目前，“聚投诉”已成为国内最大的公开消费投诉数据库。这些真实的数据是宝贵的资料，同时也是活生生的经验与教训。面对众多案例，若能将这些大规模数据进行分类，使得各个行业都能参照行业内存在的不足，来加以改进产品质量和服务，相信“聚投诉”在推动行业自律、促进行业良性发展方面会带来更好的效果。

荔枝网“街坊学堂”

栏目简介：“街坊学堂”栏目是广州市越秀区宣传部、文明办和广东广播电视台共同打造的新型街坊文明公开课。它作为一个社会公益性学习平台，立足社区，围绕不同节庆主题，通过开放式、互动式、体验式的唱、议、学、做活动，汇聚先进文化传播、好人事迹传颂、文明城市创建等内容，以更接地气、更入人心的方式，为街坊解疑释惑，搭建邻里交流互助桥梁，弘扬传统文化，传播文明风尚。

栏目定位：社会公益性学习平台。

栏目理念：在街坊市民中弘扬传统文化，传递文明风尚，宣讲新时代中国特色社会主义，培育和践行社会主义核心价值观。

栏目特色：公益性、本土化、亲民接地气。

栏目构成：“唱文明歌”“议文明事”“学文明礼”“做文明人”等栏目。

栏目网址：http://www.gdtv.cn/c/jfxt/。

荔枝网“街坊学堂”栏目首页

唱议学做　汇善成流　践行核心价值观

——对荔枝网“街坊学堂”的评析

“街坊学堂”以深入践行社会主义核心价值观、传承中华传统礼仪为目标，旨在让街坊在家门口共享精彩的文明盛宴，深入培育和践行社会主义核心价值观，增强思想道德建设的吸引力和实效性，在潜移默化中不断提升群众文明素质和城区文明程度，为推动越秀国家重要中心城市核心区建设提供有力的精神动力和道德滋养。

一、线下活动内容丰富多彩

（一）载体清晰

“街坊学堂”以春节、端午、中秋、重阳等传统节日为载体，将社会主义核心价值观与中华优秀传统文化有机融合。例如2017年10月31日，即重阳节前后，“街坊学堂”举办了“守礼行孝、温暖相伴”活动，该活动是2017年文明广州“孝老爱亲”主题月实践活动的一部分。在本次活动中，“街坊学堂”邀请了广州讲古大师、“颜派”评书艺术掌门人颜志图，深入浅出地阐释“孝”从古至今的含义，讲述孝道故事，昭示孝道无处不在，呼吁街坊市民要从日常生活的点滴做起，从最平凡的问候做起，在每个家庭播洒温暖阳光，以营造宣扬孝老爱亲的传统美德和道德修养，推动崇德尚善、崇尚文明的社区和谐氛围。

（二）模块联动

“街坊学堂”每次的线下活动都分“唱文明歌”“议文明事”“学文明礼”“做文明人”四个有机结合的模块，让24字社会主义核心价值观用接地气的方式落地，打造传播给基层群众最后的“毛细血管”。

1. 唱文明歌。

“街坊学堂”联合越秀区政府创作了“街坊学堂”文明歌，即由本土歌手冯奔创作、珠江频道签约艺人何乾梁领唱的“社会主义核心价值观”粤语主题歌曲，每次活动前都会进行领唱。歌曲通过朗朗上口的粤语方言歌词、简单明快的节奏，拉近了与街坊的距离。越秀区政府还为歌曲制作了MV，在互联网上滚动播出。“唱文明歌”既融入了社会主义核心价值观，将其以通俗易懂的形式让街坊市民广泛传唱，创新了宣传的形式，又普及了广府文化，体现了广府底蕴和街坊气息。

2. 议文明事。

“街坊学堂”每次活动均会邀请相关活动主题的专家，以公开课的形式，从专业的角度生动具体地诠释中华优秀传统文化、文明礼仪的真谛，引导街坊传递正能量，摒弃不文明习惯，进一步提升居民文明素质和道德素养。如2017年9月29日，以中国好人、广东省道德模范王颂汤为主线，引出王颂汤在他带领的广东公益恤孤助学促进会中发挥的慈善堡垒作用，越秀好人志愿服务中心整合了越秀区的各类好人资源，由一个好人带出一个个感人的故事，带出更多的善长仁翁，带出越秀“正能量帮”，从而薪火相传地带动整个社会关注公益、齐做公益、齐做文明人。

3. 学文明礼。

“街坊学堂”以中国传统节日或文明创建内容为主体，设计策划了接地气、惠群众、参与度高的街坊学堂课程。通过互动体验活动，如歌舞表演、群众提问等，增加市民的参与感，将文明理念寓教于乐传递给街坊市民。2017 年，为增强市民对中国传统礼仪的深入了解，“街坊学堂”联合广州汉服协会，在会议现场进行中国传统汉服演示，展示了中国传统的礼节与文化，使市民感受到了文明礼仪的熏陶，推进了优秀传统文化传播力的提升，充分体现了活动的创新和亲民。

4. 做文明人。

“街坊学堂”邀请越秀区各服务点的志愿者身体力行参与活动，与街坊市民积极交流，针对不同群体尤其是弱势群体的保障需求，提供物质和精神支持，以推动弘扬邻里互助、传递温暖的新风尚。同时，通过身体力行的志愿参与，引导街坊市民积极参与志愿服务、关爱弱势群体、争当身边好人，延伸更多的志愿服务项目，吸引更多的志愿服务团体参与，将文明风尚在街坊市民中传播。

（三）选题亲民

为了保证栏目选题策划的原创、接地气，每个月初，“街坊学堂”执行制作团队都与相关部门负责人对接，围绕当月的民俗节气、时事热点以及基层社区的居民反馈，进行“头脑风暴”式的商讨，最终定出当月选题。

例如，2017年11月，广州正值风干物燥的秋末。“街坊学堂”经过开会商讨后，针对小区内老人多，易发生不安全用火的情况，策划了专场活动，邀请广东一队消防退役官兵组成的公益宣传团体在现场通过穿消防衣比赛、逃生小技巧、小品、扫码参与问答、抽奖赠送家庭灭火器等多种形式，对老人小孩普及安全用火、消防逃生知识。

二、线上传播形式灵活多样

伴随着新技术和移动互联的发展，“街坊学堂”积极运用“两微一端”及荔枝网平台，以灵活的形式开展宣传活动，扩大自身影响力。

（一）创建了荔枝网专区

荔枝网开辟了“街坊学堂”专区，更新日常信息、维护网络运行，并进行线下活动的征集。例如，街坊学堂在官网、微信、微博等渠道进行征集，让街坊们提出自身需求，及时反馈给相关部门，并在线上提供支持。

荔枝网隶属广东广播电视台，有很大一部分用户是从电视端转化而来的中老年观众。为了符合其使用感受和需求，“街坊学堂”专区在编辑排版上特意使用了较大的字体和对比强烈的色调，方便中老年用户浏览，提高用户体验。

（二）制作小游戏

为了积极配合广州市垃圾分类的社区宣传，同时迎合年轻群体的互联网思维，“街坊学堂”推出两款网络页面小游戏——“垃圾分类快手”“垃圾分类考考你”（图 1），借助游戏形式进行推广宣传。该游戏一经推出，吸引了不少少年儿童等年轻群体参加线上的垃圾分类知识普及，寓教于乐，点播视频和互动游戏的点击量约 100 万次。

图 1　垃圾分类线上小游戏

（三）“两微一端”活动预热

在活动开始前，“街坊学堂”会在其官方微博、微信及客户端预热，进行活动预告。栏目主持人也会发布相关微博并与粉丝互动。由于主持人多为珠江频道、都市频道、南方卫视的著名主持人，自身已经具有一定影响力，通过主持人自身影响力可带动活动影响力的提升。

（四）电视 + 网络直播

“街坊学堂”整合电视节目播出、互联网传播、线下落地的推广三方面资源，将电视直播、网络视频直播、互动游戏、地面活动宣讲融合起来，尝试发掘媒体融合所具备的巨大潜力。广东新闻频道在正点新闻栏目中多次连线直播“街坊学堂”，晚间时段珠江频道、新闻频道的民生节目均对活动进行了报道。电视新闻中心全媒体部也十分重视“街坊学堂”品牌，在举办线下活动时，通过“触电新闻”进行同步直播，在活动结束后立即能生成回看，保证活动传播的全媒体效果最大化。截至2018年5月，“街坊学堂”共举行了数十场大型社区线上、线下活动，电视+互联网直播覆盖人群约达1500万人次。

三、培育实践对象广泛多元

“街坊学堂”在明确培育实践对象为街坊居民的基础上，进一步向中小学生、外来务工人员延伸，着力提升该品牌的影响力、覆盖力。

青少年时期是人生成长的重要阶段，同时，广大青年学生也是学习实践核心价值观的主力军。因此，“街坊学堂”也逐渐融入越秀区中小学校的教育。例如，2017年11月22日，2017年广州市“文明交通”主题月实践活动暨羊城“街坊学堂”活动首次走进社区（图2）。活动围绕“文明出行”，为1700余名学生带来了一场生动活泼、寓教于乐的交通安全知识科普，引起学生及家长对文明交通的重视，从而有助于营造平安有序的交通秩序和氛围。

同时，“街坊学堂”也不忘关切外来务工人员及其子女。随着经济的飞速发展，越来越多的外来务工人员涌入广州。农民工和农民工子女是城市的弱势群体，对农民工子女来说尤其如此，他们应该得到更多的关注和帮扶。2017年8月，“街坊学堂”和越秀区政府策划举办了“城市美容师”活动（图3），即针对广州的外来务工者及其子女进行的暑假专场活动。该活动以关爱外来务工人员为切入点，带动环卫工人及其

图2　2017 年广州市“文明交通”主题月实践活动暨羊城“街坊学堂”进社区活动

图3　8 月“城市美容师”大小手过暑假线下活动

子女学习实践社会主义核心价值观，使他们既感受爱岗敬业、文明创建的成果，又体味精细化、品质化城市建设给他们带来的实惠，增强归属感和获得感，在未来能够更好地投身城市的建设和发展。

结　语

“街坊学堂”栏目打造两年来，取得了不错的成绩，获得了市民街坊的认可，但仍存在一些亟待解决的问题。

一是栏目定位还不够清晰。“街坊学堂”以先进文化传播、好人事迹传颂、文明城市创建等众多内容为学习目标，有些杂乱。今后改版中，可以尝试抓住几个充分体现岭南文化或广州自身特色文化的重点内容，例如粤语、茶文化、粤菜文化。此外，广府文化是广州的本土文化，是广州作为世界文化名城的根基、内核、气质和灵魂。而越秀作为广府文化的主要发源地，更应该对其加以利用，让市民充分了解、掌握、挖掘这些具有地方特色的文化遗存、流芳千古的人物和精神价值。

二是互联网思维运用能力仍不足。目前“街坊学堂”已在荔枝网建立独立专区，多以视频为主，未考虑到4G用户观看时的流量消耗问题。栏目以线下活动为主，线上互动少，对于互联网的优势把握不足，互联网思维较为缺乏。

三是留住老用户、吸引新用户的开拓能力不足。目前观看电视的年轻人不断在减少，中青年群体获取信息大多依托互联网。“街坊学堂”栏目的现有策划未能很好满足年轻用户的需求，年轻群体参与度偏低。今后，“街坊学堂”需要增加更多具有移动互联网特色、适合年轻群体参与传播与学习的形式和内容，丰富满足各年龄层受众。

四是平台传播力度不够。“街坊学堂”主要通过荔枝网网站、“两微一端”及广东广播电视台新闻频道进行传播，传播力度比较有限。下一步，“街坊学堂”将推出生活常识、科学常识等科普类短视频，并通过全媒体渠道进行传播，让街坊们通过视频课学习更多正确的、有益的、有用的知识，打造大众都能参与获益的“街坊文明公开课”。另一方面，充分利用今日头条、企鹅公众媒体平台、西瓜视频、抖音、火山小视频等新媒体及视频分发渠道，将“街坊学堂”公开课内容及现有栏目内容通过短视频或二次剪辑包装再进行传播，增强知名度和影响力。

五是栏目运营资源调配能力不够。由于组织线下活动需要较多的人力物力支持，而“街坊学堂”基本上是公益化的运作，目前的人手和资金只能维持小范围的活动，活动地点和场地也受各种条件因素制约，局限性大。下一步还需要更多的资金支持和部门参与，争取把这种模式在更大范围做试点推广，将“街坊学堂”品牌持久运作好。

壹深圳“记者帮”

栏目简介：“记者帮”平台是深圳广电集团官方手机客户端“壹深圳”里的一个最主要的功能之一。它是连接用户、媒体、政府，帮助用户解决民生问题的服务平台。用户可以将自己生活中遇到的消费维权、公共服务、投诉等问题通过“记者帮”报料，编辑通过审核后会根据用户想投递的媒体或者政府部门进行传送。媒体采访或者政府部门回复后，“记者帮”平台再将处理结果及时通过他们的平台反馈给用户。“记者帮”平台的新闻地图、在线报料和准确定位功能都是创新亮点，形成了公民参与的舆论监督新模式。

栏目定位：连接用户、媒体和政府，帮助用户解决民生问题的服务平台。

栏目理念：为用户解决生活中遇到的消费维权、公共服务、投诉等问题。

栏目特色：打造民生报料数据库，创新公民参与和舆论监督方式。

栏目构成：“在线报料”“网络认证”“新闻地图”等栏目。

栏目网址：http://static.scms.sztv.com.cn/ysz/ysjzb2018/index.shtml。

REC
壹深圳
有事就用记者帮
本人2018年7月在淘宝上购买了重装电脑系统的服务，安装失败不说电脑造成了无法开机的情况，店家反馈硬件出问题。店家退还了30元
深圳卫视
正午30分
香港新增1例登革热 累积感染人数增至19人
12:13
把关吗?我要和谁去申诉，怎么维权？请电话联系我18931269183
热点
本人于2018年7月1号在蛇口沃尔玛购买了一盒六个装的哈雷蛋糕，回家存放在冰箱，2018年7月2号早上用保鲜袋装两个回公司，早餐吃了
高峰期抢坐地铁 六岁男童被夹伤

壹深圳“记者帮”栏目首页

新闻地图　打造民生报料数据库

——对壹深圳“记者帮”的评析

2015 年，深圳广电集团推出“壹深圳”手机客户端，目前用户覆盖深圳本地市民超过 1000 万人。“壹深圳”客户端最大的民生报料工程——“记者帮”，可对民生信息进行用户原创内容汇集，针对不同类型、不同区域的民生难题进行分类统计，报送给媒体曝光（图 1、图 2）。同时工作人员每周向当地有关部门提供舆情报告，为政府制定或调整政策提供重要信息参考。

一、“记者帮”平台的创新点

“记者帮”平台创新了公民参与和舆论监督的方式。平台的新闻地图、在线报料和准确定位功能，很好地形成了深圳地区民生问题的数据库，将这些报料的内容进行大数据分析之后，可以生产出优质的舆情产品。其多样化的报料方式不仅为市民报料提供了便利，对上级监管部门和采访报料的记者了解详细情况，确保网民报料的真实性。

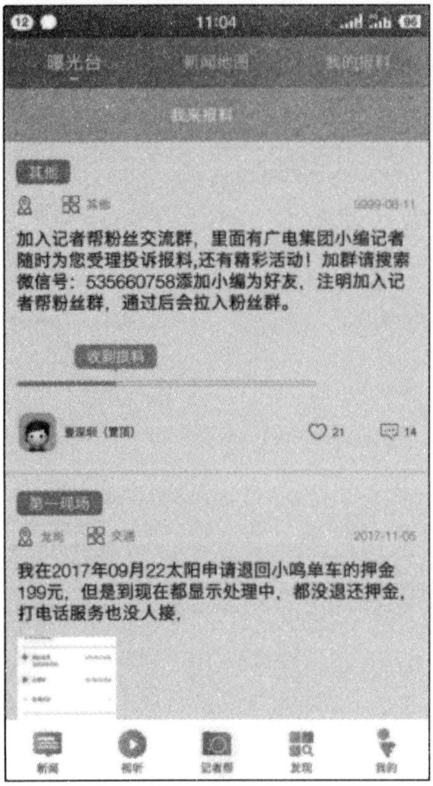

图 1　“记者帮”首页曝光台

图 2　“壹深圳”客户端“记者帮”栏目的宣传封面

（一）市民投诉随时随地

“壹深圳”手机客户端与众多传统媒体栏目进行着密切的合作。其中“壹深圳”长期与“898 民心桥”广播节目深度合作，每周工作人员都会将市民对政府的投诉通过“民心桥”节目传递给各个政府职能部门。政府对市民的投诉也会有所回应，通过“记者帮”反馈给用户。

“记者帮”平台在社群互动运营方面，有专门的报料粉丝群，可以随时维系有报料需求的粉丝们，平台也会每天更新本土的民生新闻，以记者们采纳的报料内容为先。近年来，手机客户端以不可阻挡之势迅速发展，“记者帮”已成为新兴的社会信息聚合平台，政务动态、政务互动均能汇集于此，形成有别于传统社会的网络政治沟通渠道。“记者帮”的开通，正是将政府在虚拟社会中的缺席变为在场，有利于进一步推进政务公开、服务创新和良性互动，提升党政部门的执行力和公信力，为营造健康良好的网上舆论环境打下坚实基础。

（二）新闻地图

“记者帮”新闻地图（图3）是基于“壹深圳”客户端可使用的功能模块，它可以方便用户根据直观的地图形式搜索信息，加上每条内容信息与微信、微博等应用链接分享，是适应现在手机、平板电脑等客户端对浏览体验与交互性能要求的新一代客户端产品。“记者帮”新闻地图是基于移动互联网的大环境而产生的，移动互联网客户端为用户建立一个随时可供浏览信息的地图大平台。相对于传统的列表信息，该平台在信息来源上的地理定位更加准确。

“记者帮”新闻地图作为一种充满活力的互动信息发布平台，一旦运用于报料、投诉方面，就会朝着切实解决问题的方向去发展与完善。开通这种形式的平台，有助于进一步改善媒体以及政府部门在民众心目中的形象，拉近用户与媒体之间的距离。

“记者帮”新闻地图作为新型投诉报料新模式，成为用户原创内容（UGC）的一种崭新的模式。“记者帮”新闻地图在手机和终端上的应用，通过手机和智能终端等新载体为公众提供更快的服务，扩大了服务范围和服务对象，拓展了媒体、政府服务渠道，为公众提供最有用、最快捷、最方便的信息服务。这种能够放在口袋里的“神器”使得用户可以随时自由“发声”。

图3 “记者帮”新闻地图

（三）报料方式的多样化

“记者帮”平台的“我来报料”功能实现了图片、文字、视频等三种上传方式，用户可以选择适合他们的报料方式，随时随地进行线上报料。随着网络条件的改善，用户将突破网络环境限制，不再承担昂贵的流量费用。这样一来，视频报料的形式非常受欢迎，相比于图片和文字，视频报料的形式更加直接、直观，还具备较高的可信度。

除此之外，用户可以实现精准报料，自由地选择向哪档栏目报料、报料类型（如医疗、城管、环境、交通、消费、教育、劳务、住房、食品、其他）以及报料状态（保密或公开）等。深圳广电集团的8档频道频率、“壹深圳”客户端、10档新闻栏目的百余名记者都在服务于“记者帮”平台。平台每天都会接收到300余条报料，这使“记者帮”平台的每日采访量（对报料情况的采访）接近百余条，超过20%的媒体采访。采编人员将每日报料分类，发送给各频道的记者，由记者们筛选采访报料。

二、“记者帮”平台的媒体融合运作

“记者帮”平台形成了良好的媒体融合运作模式，实现了新媒体与传统媒体之间的资源共享和双向互动，使传统电视媒体和“记者帮”平台的发展，达到了“一箭双雕”的效果。

（一）传统电视频道与“记者帮”有效互动

传统电视频道的新闻栏目，对“记者帮”平台进行宣传，壹深圳“记者帮”用户对自己报料的事件进度，在电视节目中进行关注，这种双向互动既能够为频道频率提供稳定收视，增加收视份额，又能够丰富“记者帮”报料内容，快速扩大新媒体影响力，将电视观众转化为可掌握的平台用户，形成用户规模后产生商业价值。

截至2018年5月，深圳广电集团所有新闻栏目已经使用“记者帮”报料并采访成新闻共计2425条，这些视频全部经编辑收录并发布在“壹深圳”客户端首页“记者帮”视频专题中（图4、图5）。2018年5

月底，“记者帮”总点击量超过800万次，每天发送的报料约100—500条，日均点击量超过5万次。

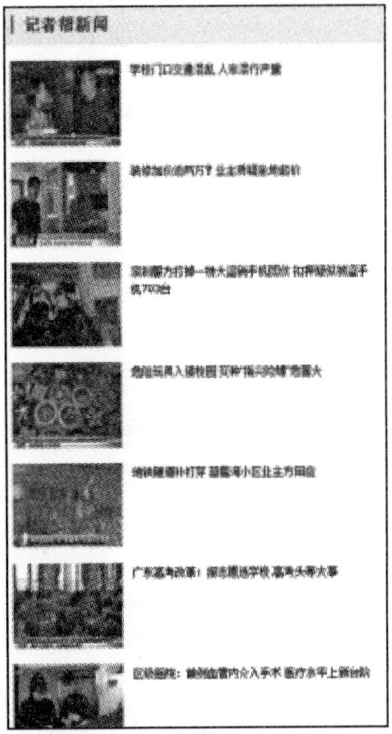

图4　记者帮视频专题（部分截图），视频内容全部来自“记者帮”用户报料

图5　“记者帮”对新闻用户报料进行采访

（二）确定为各个频道新闻栏目重点工程

促进传统媒体与客户端互动必须要有顶层设计，给予传统频道与新媒体互动的激励措施。新媒体报料平台相对于以往传统电话报料来讲，传播更方便，形式更多样，大数据获取更简单，让频道频率有发展新媒体的主动性，让传统媒体与新媒体在融合上认识统一、方向一致，推进互动，让栏目在各个传播渠道上得到更大的可见性，扩大了栏目的传播

力、影响力。

（三）新媒体工作人员进驻融合新闻中心

有了顶层设计，新媒体与传统媒体融合生产便有了保障，让新媒体进驻融合新闻中心，实现物理层面的融合，内容上统一生产，报料第一时间传递到记者手里，向各个频道主编开通查看报料的专用账号，每天早上编辑都会查看“记者帮”报料。客户端从生产新闻的原料池中提取具有移动互联网传播价值的资讯。让新媒体进驻融合新闻中心，也能更近距离接近频道频率，在新闻选题的策划和互动活动的融合上也更快捷。

三、壹深圳“记者帮”平台因关注民生屡获荣誉

以“记者帮”平台为核心产品的“壹深圳”客户端成立两年来，获得过不少荣誉。每年春节前夕，“壹深圳”都会组织招牌年度活动“爱回家”，彰显深圳市的人文情怀。该活动通过深圳广电集团自身媒体资源和政府机构、社会爱心企业资源，在年关返乡之际，为深圳务工人员提供免费车票等新年礼品。同时设置以回家过年团圆的话题，引发深圳市民情感共鸣，弘扬中华民族传统节日文化，构建和谐深圳。该活动获得了深圳市关爱办的年年嘉奖。深圳市网协还向壹深圳颁发了“深圳市网络文化年度产品创新奖”一等奖（图6）。

在深圳“一带一路”为主题的国际音乐季里，“壹深圳”通过手机直播、H5等新媒体手段为音乐季造势，并融合集团新闻中心、娱乐频道对大咖们进行视频专访。其中，“壹深圳”在音乐季开幕前期就采访

图 6　第十届深圳市网络文化奖年度产品创新奖一等奖纪念品和证书

了指挥家叶咏言、男高音石倚洁、阿荣巴特尔，做了原创视频图文报道。在开幕式当天对开幕式进行了全程手机直播。

“壹深圳”在“一带一路”音乐季期间共发稿件 56 篇（个）。其中原创策划稿件 30 篇（个），包括专访稿件 9 篇，直播视频 3 个，专题 H5 页面 1 个、图文稿件 6 篇，视频稿件 11 篇。总点击量 2, 134, 800 余次。如此好的成绩也获得了深圳市委宣传部的表扬，并授予“2017 深圳‘一带一路’国际音乐季新闻宣传工作先进单位”称号（图 7）。

图 7　2017 深圳“一带一路”国际音乐季新闻宣传工作先进单位

结　语

“记者帮”平台有多个创新点，各方面安排合理妥当，社会反响积极正面，但仍然存在一些不足与欠缺的地方，需要进一步改进和完善。

（一）用户报料栏目需要统一

目前用户在上传报料的时候还需要选择报料的栏目，后续打算是将所有栏目打通，让深圳广电集团所有新闻栏目记者统一挑选选题，不再细分栏目，做到真正的新闻统一生产。

（二）“民生数据库”功能有待实现

“记者帮”用户每天上百条的报料内容，包括安全、交通、教育、医疗、消费等多个类别的信息，这些信息需要一套智能的分析系统进行大数据运算，从而对城市的规划、民生等方面都有着重要的价值。未来，可以朝着这个目标奋斗，努力将“记者帮”打造成一个“民生大数据信息平台”。

（三）开办《记者帮》民生新闻节目

“壹深圳”客户端将开办《记者帮》电视新闻节目，每日一播。相信这档以“记者帮”为报料来源的新闻节目将会超越传统新闻节目的表现形式，有可能成为一档深受用户青睐的新型民生新闻节目。

（四）提升报料率与解决报料的效率

怎样提升民众报料和即时解决报料的效率，是今后要重点解决的问题之一。目前为止这些处理量还不算特别高，还有不少有价值的报料，由于受到人力、物力和财力的限制而不能得到很好呈现。怎样让政府部门、社区居委会、公益组织等社会治理主体更好地参与进来，也是目前待解决的问题之一。

未来，“记者帮”平台的努力方向是使平台变得更加生活化，如使生活地图更精确化、增加实时路况等功能，更贴近市民的美好生活需求。

腾讯大粤网“共鸣”

栏目简介：“共鸣”作为腾讯大粤网的品牌栏目于2016年6月上线。该栏目以讲述广东人身边的故事为主题，旨在打造广东地区最具影响力的人物故事栏目，寻找广东典型人物，挖掘广东人故事，体现广东精神，以有共鸣的故事感染读者，传递正能量。该栏目在腾讯的各个重要渠道进行推送，且在大粤网首页核心区域有固定栏目位置。该栏目保持每周一期的更新频率，至今已有97期，图文总阅读量近8000万，产生了较大的传播力和影响力。

栏目定位：广东地区最具影响力的在线人物故事栏目。

栏目理念：讲述广东人的故事，体现广东精神，传递正能量。

栏目特色：挖掘广东故事，弘扬正能量。

栏目构成：“每周一期人物故事”等栏目。

栏目网址：http://gd. qq. com/sz/resonance。

共鸣

腾讯大粤网出品

《共鸣》第97期

40年拍摄100公斤照片　深圳老人用镜头讲述渔村故事

“谁能想象，这片海边滩涂、不毛之地，竟能变成现代化的高楼大厦……”——霍维新【详情】

2018-08-10 10:58:33

《共鸣》第96期　2018-07-27 09:21:10

夫妻深圳收废品22年 撑起一家五口18平米的家

腾讯大粤网“共鸣”栏目首页

传递广东人的正能量

——对腾讯大粤网“共鸣”的评析

腾讯大粤网“共鸣”栏目以讲述广东人身边的故事为主题，旨在打造广东地区最具影响力人物故事栏目。“共鸣”人物选取广东人，讲述的故事皆是广东事。通过普通人的平凡故事展现了广东人的时代风貌，体现了广东精神。该栏目依托于腾讯网的平台优势，通过全媒体多渠道推送，获得了巨大的社会影响力。

一、聚焦广东好人，讲好广东好故事

“共鸣”将视线集中在与广东城市发展息息相关，见证城市变化的普通广东人身上。首先，受访者包括社会各行各业人士，既有医生、主播等知识分子，又有工人、快递员、创业青年等普罗大众。比如《曾宪海：一个专门“种”耳朵的医生》一文，介绍了深圳一名通过电子耳蜗植入手术帮助患者听到声音的医生；《许雨燕：从主播到博士，和深圳卫视共同成长的岁月》一文，则介绍了深圳卫视女主播许雨燕的个人历程，展现她对职业的追求以及对深圳这个城市的热爱之情；《独

臂快递哥深圳娶妻生子　曾被劝去乞讨》一文（图 1），则讲述了失去左臂的涂延芳如何通过不屈的奋斗在深圳立足的故事。这些故事生动地体现了人物的人生经历、性格特点及其思想感情。

图 1　“共鸣”第 21 期《独臂快递哥深圳娶妻生子　曾被劝去乞讨》

“共鸣”中的典型人物分属社会不同阶层、不同职业，有着不一样的人生经历。他们或是遭遇苦难和挫折，或是在平凡生活中坚守自我，或是有着奇特的经历。“共鸣”聚焦普通人，将他们的故事和经历展示给社会大众，深入挖掘普通人身上的真善美。同时，知识分子在字里行间透露出更多的生活气息。“共鸣”人物激励了平凡生活中的读者，也在细微之中弘扬了社会正能量。

其次，故事背景皆是当下的广东，体现了十足的地方特色。“共鸣”所选的典型人物皆是在广东生活很久，陪伴城市变化发展的一群人。《社区民警服务基层 12 年：我要对得起身上的警服》介绍了深圳市坪山石井辖区勤勉工作的社区民警董宝安；《90后脱口秀演员：我想留在深圳》和《两次离开深圳后她再次回深创业：大不了从头再来》讲述了年轻一代来到深圳的创业故事；《张梁和0.00007%人类经历过的世界》《深圳殡葬师：每天要送走数十位逝者》《陪伴海洋动物21年好管家：尊重源于认知》等文章则表现了不同行业广东人的职业人生。这些选题从不同人物、不同视角入手，通过展示人物的人生经历，将个体的命运与广东的发展紧紧联系了起来，再现了广东人的精神面貌，展示了广东人对家乡的朴素情感。

二、坚持正面宣传导向，弘扬社会正能量

做好正面宣传，要增强吸引力和感染力，让群众爱听爱看、产生共鸣，充分发挥正面宣传鼓舞人、激励人的作用。然而，故事要打动人和感染人，就必须深入群众的生活中间，用群众的故事触动群众的心弦。

“共鸣”报道身边好人好事，弘扬社会正能量，发挥正面宣传激励作用，提供强大的精神动力。服务基层12年的社区民警董宝安、台风天持续工作26个小时的南湖街道执法队副队长熊旺球以及独臂快递哥涂延芳展现了广东人勤劳朴实的一面；执意要做脱口秀演员的徐彪、两次离开深圳又返深的80后创业女孩辛星则表现了追求梦想的年轻人形象。他们来自群众，来自基层，没有什么伟大的事迹，多是普通人的平凡生活。通过真实鲜活的故事，我们可以感受到尽管他们职业不同、生活经历不同，但他们内心蕴含的美德和奋发的精神是一致的。真诚质朴的故事让人们感受到了人性的真善美，体会到了坚持奋斗的力量。这些身边“平凡”的汇聚，铸就了不平凡的正能量，成为激励民众奋勇前

行的精神动力。“共鸣”第21期《独臂快递哥深圳娶妻生子　曾被劝去乞讨》被微信插件和腾讯新闻要闻区头图推送，一天之内收到网友2万条留言鼓励，深圳快递小哥的励志故事，所传递的正能量激励全国那些默默耕耘、不怕苦不怕累，认真生活的普通人。栏目推出后，央视4套《走遍中国》栏目组、《凤凰生活周刊》、深广电等媒体纷纷要求联系“共鸣”栏目组寻找“共鸣”人物进行采访。

三、整合渠道优势，提高传播力影响力

腾讯大粤网联合南方报业传媒集团，面向城市主流消费人群布局广东，形成了以QQ和微信为基础的巨大媒体投放矩阵。强大的流量导入能力是腾讯大粤网核心的平台优势。在PC端上，充分整合qq. com、腾讯迷你首页、Tips弹窗、大粤网及大粤社区用户资源；在移动端上，则无缝调用腾讯新闻客户端、天天快报APP入口，并邀请多家政府、企业、KOL等认证微信公众号入驻企鹅平台，打造出多维度、深层次的立体传播模式。据统计，腾讯大粤网已覆盖广东7700万互联网用户。腾讯新闻客户端广东页卡日均PV达4000万。PC端中，大粤网网站日均PV达2400万，大粤社区等社群注册人数800万，拥有微信粉丝量超320万人，涵盖政务、新闻、生活服务、专业咨询等四大领域。

依托于平台的矩阵优势，栏目每期故事可以在不同渠道终端得到曝光，如《深圳创业者失败后甘心修鞋　每天三四十双》（图2）。“共鸣”第67期《深圳“村二代”放弃收租　做车险查勘员每天工作10小时》单条最高阅读量2955万。全媒体多渠道推送，让“共鸣”声音更具共鸣。

图2　栏目文章在腾讯网的多渠道推送

此外，通过开展线下活动与线上内容产生联动，也扩大了栏目的社会影响力。“共鸣”定期举办分享会，通过走进不同社会群体，讲述广东人的故事，传递正能量（图3）。“共鸣”分享会聚集了爱心人士、创业者、企业家、社会代表人物和有故事的人，一起聆听分享故事，诠释平凡人生活中的梦想与坚持。这些人的命运有辛酸、苦难，也有成长、领悟，都是城市发展历史的鲜活记录。生活中的英雄，就是这样平凡却不平庸。分享会上嘉宾们讲述了自己的经历，激励现场听众，让每一位听众深深地感受到了精神力量的重要，使得栏目的社会影响力大幅提升。“共鸣”还进行了母亲节特别策划（图4），如《听抗战女兵讲过去的故事——走进深圳养老院》，邀请抗战老兵何伟拍摄写真，并为抗战老人送去新颖而真切的关怀，弘扬社会正能量。此外栏目组还进入养老院参与抗战老兵日常活动，并通过网络视频直播的方式向网友展示抗战老兵风采，借助互动游戏给广大网友送去母亲节小福利，使粉丝能够收获真真切切的福利，不仅提高了用户的黏性，也对提升栏目社会影响力有很大的促进作用。

图3 “共鸣”分享会活动现场

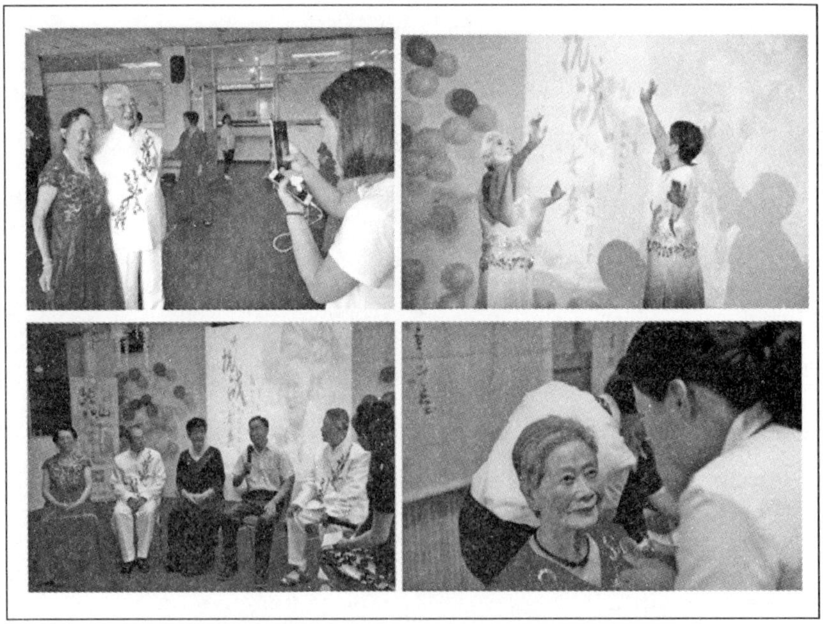

图4 “共鸣”母亲节特别策划

结　语

“共鸣”上线一年多推出了很多吸引读者的平凡人的小故事。未来如何进一步扩大栏目的影响力，形成具有全国影响力的大 IP，应当是“共鸣”需要努力的方向。

在选题来源方面，可考虑开办栏目，更多地依靠用户投稿，与企事业单位、院校和政府部门合作等方式获得选题，从而加强栏目的互动性，释放用户积极性，进一步提高用户活跃度。此外，加强与其他单位、部门的线下合作，通过策划举办线上线下活动，不仅能极大增加栏目的群众知晓度，还能提升社会各界对“共鸣”的认同感。在传播形式方面，栏目也要积极采用新兴传播手段如短视频、微电影等，提高故事内容的传播力和感染力，从而获得社会最大声量的“共鸣”。

后　　记

本书是在中共广东省委网信办的领导和主持下，由省委网信办网络传播处、暨南大学新媒体与传播生态研究中心和广州市网络社会治理研究基地组织团队编写而成。广东省委宣传部副部长、省委网信办主任黄斌担任本书主编并审改定稿，暨南大学新闻与传播学院罗昕教授撰写总论，各网站品牌栏目负责人撰写自评报告，编写团队在自评报告的基础上通过文献搜集、访谈调查等形式修改完善。研究生蔡雨婷、杨仰文、黄靖雯、储楚、陈国琼、肖恬、李芷娴、何玉珍、周静思等参与了本书的调研和编撰工作，网络传播处邹卫东、阮福祥参与了初稿审改。